同济博士论丛
TONGJI Dissertation Series

总主编 伍江 副总主编 雷星晖

郭继明 邵嘉裕 著

图的拉普拉斯特征值

On the Laplacian Eigenvalues of Graphs

同济大学 出版社
TONGJI UNIVERSITY PRESS

内 容 提 要

本书主要从以下五个方面展开：一是对拉普拉斯特征多项式的研究；二是对拉普拉斯谱半径的研究；三是对代数连通度的研究；四是对树的拉普拉斯特征值的研究；五是对图的其他拉普拉斯特征值的研究。

本书适合相关专业的高校师生、研究人员阅读使用。

图书在版编目(CIP)数据

图的拉普拉斯特征值 / 郭继明，邵嘉裕著. —上海：
同济大学出版社，2018.12
（同济博士论丛 / 伍江总主编）
ISBN 978 - 7 - 5608 - 8242 - 0

Ⅰ. ①图… Ⅱ. ①郭… ②邵… Ⅲ. ①拉普拉斯方程
—研究 Ⅳ. ①O175.25

中国版本图书馆 CIP 数据核字(2018)第 268163 号

图的拉普拉斯特征值

郭继明　邵嘉裕　著
出 品 人　华春荣　　　责任编辑　陈佳蔚　蒋卓文
责任校对　谢卫奋　　　封面设计　陈益平

出版发行　同济大学出版社　　www.tongjipress.com.cn
　　　　　（地址：上海市四平路 1239 号　邮编：200092　电话：021 - 65985622）
经　　销　全国各地新华书店
排版制作　南京展望文化发展有限公司
印　　刷　浙江广育爱多印务有限公司
开　　本　787 mm×1092 mm　　1/16
印　　张　13
字　　数　260 000
版　　次　2018 年 12 月第 1 版　　2018 年 12 月第 1 次印刷
书　　号　ISBN 978 - 7 - 5608 - 8242 - 0

定　　价　62.00 元

"同济博士论丛"编写领导小组

"同济博士论丛"编辑委员会

袁万城　莫天伟　夏四清　顾　明　顾祥林　钱梦騄

徐　政　徐　鉴　徐立鸿　徐亚伟　凌建明　高乃云

郭忠印　唐子来　阎耀保　黄一如　黄宏伟　黄茂松

戚正武　彭正龙　葛耀君　董德存　蒋昌俊　韩传峰

童小华　曾国荪　楼梦麟　路秉杰　蔡永洁　蔡克峰

薛　雷　霍佳震

秘书组成员：谢永生　赵泽毓　熊磊丽　胡晗欣　卢元姗　蒋卓文

总　序

在同济大学110周年华诞之际,喜闻"同济博士论丛"将正式出版发行,倍感欣慰。记得在100周年校庆时,我曾以《百年同济,大学对社会的承诺》为题作了演讲,如今看到付梓的"同济博士论丛",我想这就是大学对社会承诺的一种体现。这110部学术著作不仅包含了同济大学近10年100多位优秀博士研究生的学术科研成果,也展现了同济大学围绕国家战略开展学科建设、发展自我特色,向建设世界一流大学的目标迈出的坚实步伐。

坐落于东海之滨的同济大学,历经110年历史风云,承古续今、汇聚东西,秉持"与祖国同行、以科教济世"的理念,发扬自强不息、追求卓越的精神,在复兴中华的征程中同舟共济、砥砺前行,谱写了一幅幅辉煌壮美的篇章。创校至今,同济大学培养了数十万工作在祖国各条战线上的人才,包括人们常提到的贝时璋、李国豪、裘法祖、吴孟超等一批著名教授。正是这些专家学者培养了一代又一代的博士研究生,薪火相传,将同济大学的科学研究和学科建设一步步推向高峰。

大学有其社会责任,她的社会责任就是融入国家的创新体系之中,成为国家创新战略的实践者。党的十八大以来,以习近平同志为核心的党中央高度重视科技创新,对实施创新驱动发展战略作出一系列重大决策部署。党的十八届五中全会把创新发展作为五大发展理念之首,强调创新是引领发展的第一动力,要求充分发挥科技创新在全面创新中的引领作用。要把创新驱动发展作为国家的优先战略,以科技创新为核心带动全面创新,以体制机制改革激发创新活力,以高效率的创新体系支撑高水平的创新型国家建设。作为人才培养和科技创新的重要平台,大学是国家创新体系的重要组成部分。同济大学理当围绕国家战略目标的实现,作出更大的贡献。

大学的根本任务是培养人才,同济大学走出了一条特色鲜明的道路。无论是本科教育、研究生教育,还是这些年摸索总结出的导师制、人才培养特区,"卓越人才培养"的做法取得了很好的成绩。聚焦创新驱动转型发展战略,同济大学推进科研管理体系改革和重大科研基地平台建设。以贯穿人才培养全过程的一流创新创业教育助力创新驱动发展战略,实现创新创业教育的全覆盖,培养具有一流创新力、组织力和行动力的卓越人才。"同济博士论丛"的出版不仅是对同济大学人才培养成果的集中展示,更将进一步推动同济大学围绕国家战略开展学科建设、发展自我特色、明确大学定位、培养创新人才。

面对新形势、新任务、新挑战,我们必须增强忧患意识,扎根中国大地,朝着建设世界一流大学的目标,深化改革,勠力前行!

万　钢

2017 年 5 月

论丛前言

　　承古续今，汇聚东西，百年同济秉持"与祖国同行、以科教济世"的理念，注重人才培养、科学研究、社会服务、文化传承创新和国际合作交流，自强不息，追求卓越。特别是近20年来，同济大学坚持把论文写在祖国的大地上，各学科都培养了一大批博士优秀人才，发表了数以千计的学术研究论文。这些论文不但反映了同济大学培养人才能力和学术研究的水平，而且也促进了学科的发展和国家的建设。多年来，我一直希望能有机会将我们同济大学的优秀博士论文集中整理，分类出版，让更多的读者获得分享。值此同济大学110周年校庆之际，在学校的支持下，"同济博士论丛"得以顺利出版。

　　"同济博士论丛"的出版组织工作启动于2016年9月，计划在同济大学110周年校庆之际出版110部同济大学的优秀博士论文。我们在数千篇博士论文中，聚焦于2005—2016年十多年间的优秀博士学位论文430余篇，经各院系征询，导师和博士积极响应并同意，遴选出近170篇，涵盖了同济的大部分学科：土木工程、城乡规划学(含建筑、风景园林)、海洋科学、交通运输工程、车辆工程、环境科学与工程、数学、材料工程、测绘科学与工程、机械工程、计算机科学与技术、医学、工程管理、哲学等。作为"同济博士论丛"出版工程的开端，在校庆之际首批集中出版110余部，其余也将陆续出版。

　　博士学位论文是反映博士研究生培养质量的重要方面。同济大学一直将立德树人作为根本任务，把培养高素质人才摆在首位，认真探索全面提高博士研究生质量的有效途径和机制。因此，"同济博士论丛"的出版集中展示同济大学博士研究生培养与科研成果,体现对同济大学学术文化的传承。

"同济博士论丛"作为重要的科研文献资源,系统、全面、具体地反映了同济大学各学科专业前沿领域的科研成果和发展状况。它的出版是扩大传播同济科研成果和学术影响力的重要途径。博士论文的研究对象中不少是"国家自然科学基金"等科研基金资助的项目,具有明确的创新性和学术性,具有极高的学术价值,对我国的经济、文化、社会发展具有一定的理论和实践指导意义。

"同济博士论丛"的出版,将会调动同济广大科研人员的积极性,促进多学科学术交流、加速人才的发掘和人才的成长,有助于提高同济在国内外的竞争力,为实现同济大学扎根中国大地,建设世界一流大学的目标愿景做好基础性工作。

虽然同济已经发展成为一所特色鲜明、具有国际影响力的综合性、研究型大学,但与世界一流大学之间仍然存在着一定差距。"同济博士论丛"所反映的学术水平需要不断提高,同时在很短的时间内编辑出版110余部著作,必然存在一些不足之处,恳请广大学者,特别是有关专家提出批评,为提高同济人才培养质量和同济的学科建设提供宝贵意见。

最后感谢研究生院、出版社以及各院系的协作与支持。希望"同济博士论丛"能持续出版,并借助新媒体以电子书、知识库等多种方式呈现,以期成为展现同济学术成果、服务社会的一个可持续的出版品牌。为继续扎根中国大地,培育卓越英才,建设世界一流大学服务。

伍 江

2017 年 5 月

前　言

在图论中,为了研究图的性质,人们引进了各种各样的矩阵,诸如图的邻接矩阵、关联矩阵、距离矩阵、拉普拉斯矩阵等.这些矩阵与图都有着自然的联系.代数图论的一个主要问题就是研究图的性质能否以及如何由这些矩阵的代数性质反映出来.这里所指的矩阵的代数性质,主要指矩阵的特征值.

在上面所提到的矩阵中,最重要的有两个:图的拉普拉斯矩阵和邻接矩阵.图的拉普拉斯矩阵的特征值和邻接矩阵的特征值都是图的在同构下的不变量,图的邻接矩阵及其特征值是代数图论的一个基本的研究课题.对于图的拉普拉斯矩阵的特征值而言,在过去的几十年中,人们对图的邻接矩阵的特征值已经进行了大量的研究(见文献[6,13,14]).与图的邻接矩阵相比,由于在拉普拉斯矩阵中含有图的顶点度的信息,因此,图的拉普拉斯矩阵的特征值与图的很多不变量有着更加密切的联系.正如 Mohar[79] 所说:图的拉普拉斯矩阵的特征值更能反映它的图论性质.所以,对图的拉普拉斯矩阵的特征值的研究越来越受到人们的广泛关注.

人们对拉普拉斯矩阵的研究,可以追溯到 160 多年以前.拉普拉斯矩阵最著名的应用是在 1847 年 Kirchhoff 研究电流理论时所发现的如下矩阵-树定理中：

矩阵-树定理 设 G 是一个有 n 个顶点的连通图且 $L(G)$ 是它的拉普拉斯矩阵，去掉 $L(G)$ 的第 i 行及 j 列得到一个 $n-1$ 阶的子矩阵，记为 $L(i \mid j)$. 则 $L(i \mid j)$ 的行列式的绝对值等于图 G 的生成树的个数.

因此，图的拉普拉斯矩阵有时被称为 Kirchhoff 矩阵. 又因为拉普拉斯矩阵在人们研究电路网络时有着重要应用，因此，该矩阵也被称为容许矩阵. 在数学物理上，由于拉普拉斯矩阵可以被视为拉普拉斯微分算子的离散情形[79]，故在数学上，该矩阵一般被称为拉普拉斯矩阵. 图的拉普拉斯矩阵的特征值被称为图的拉普拉斯特征值.

图的拉普拉斯特征值有很多的应用. 例如，在物理和化学的很多问题中，拉普拉斯特征值起到中心的作用（见文献[19—23]）. 拉普拉斯特征值也可以被用来给出图的几何表示（见文献[35]），而这与图论中近来最重要的进展之一——图的 *Colin de Verdière* 数有着密切的关系[53]. 因此，拉普拉斯特征值不仅引起了数学家的关注，而且也引起了不少物理学家和化学家的重视.

本书的研究内容主要有如下五个方面：一是对拉普拉斯特征多项式的研究；二是对拉普拉斯谱半径的研究；三是对代数连通度的研究；四是对树的拉普拉斯特征值的研究；五是对图的其他拉普拉斯特征值的研究.

众所周知，图的邻接矩阵的特征多项式在研究邻接矩阵的特征值时有着非常重要的作用. 然而，目前我们对图的拉普拉斯矩阵的特征多项式知之甚少. 在第 1 章中，我们介绍了与拉普拉斯矩阵有关的基本概念以及矩阵论中的一些基本定理. 更主要的是，在第 1 章中，我们对图的拉普拉斯矩阵的特征多项式进行了研究，得到了一些基本的公式. 在后面的几章中，我们将发现图的拉普拉斯矩阵的特征多项式在研究图的拉普拉斯特征值的时候将起到非常关键的作用.

对图的拉普拉斯特征值而言,最重要的两个特征值分别是最大的拉普拉斯特征值和第二小的拉普拉斯特征值.在第 2 章和第 3 章中,我们将分别讨论图的这两个拉普拉斯特征值.

图的拉普拉斯谱半径是指图的拉普拉斯矩阵的最大特征值.最近,人们发现拉普拉斯谱半径在理论化学上有重要的应用[48,49].在第 2 章中,我们给出了拉普拉斯谱半径的可达的上、下界;考虑了在各种扰动下(例如:加边运算、嫁接运算、剖分运算等),拉普拉斯谱半径的变化情况;研究了拉普拉斯谱半径的极限点.作为我们所得结果的应用,在第 2 章的最后,我们考察了具有 n 个顶点和 k 个悬挂点的单圈图以及双圈图的拉普拉斯谱半径.

图的代数连通度是指图的拉普拉斯矩阵的第二小特征值.最近,人们利用图的代数连通度来研究一些困难的图论问题,得到了很好的结果,例如图的扩展性质[1]、等周数[76,77]、最大割问题[78],以及图的直径[11]等.在第 3 章中,我们研究了图的代数连通度:考察了对图进行嫁接运算后,图的代数连通度的变化情况;进一步,利用该结果及我们在第 1 章中所发展的图的拉普拉斯特征多项式理论,我们完全解决了 Fallat 和 Kirkland 在 1998 年提出的关于具有固定围长的连通图的代数连通度的一个猜想(见文献[24,25]).

作为最简单的连通图,在研究一些困难的图论问题时,树通常起到特殊的作用.在第 4 章中,我们系统地研究了树的拉普拉斯特征值:包括具有固定直径的树的拉普拉斯谱半径;树的第二大的拉普拉斯特征值以及树的第 k 大的拉普拉斯特征值等.

在最后一章中,我们考虑了图的其他的拉普拉斯特征值,包括图的第三大的拉普拉斯特征值以及图的拉普拉斯特征值的重数等.

目　录

第 *1* 章

绪　论

1.1　研究背景与进展

图谱理论主要研究图的邻接矩阵和拉普拉斯矩阵的特征值和特征向量,是图论研究的一个重要方向.对图的邻接矩阵的特征值的研究,目前已形成比较成熟的理论,详见文献[6,13,14].与图的邻接矩阵的特征值相比,由于拉普拉斯矩阵的特征值与图的结构之间有着更自然的联系,更能反映图的图论性质[79],因此对拉普拉斯矩阵的特征值的研究正越来越引起人们的关注,是当前图论研究中的一个热点问题.

对拉普拉斯矩阵的研究已有相当长的历史,最早可追溯到 1847 年 Kirchhoff在研究电流理论时所发现的矩阵-树定理.对图的拉普拉斯特征值的研究不仅具有重要的理论价值,而且还有广泛的应用背景[79].拉普拉斯特征值与拉普拉斯微分算子、谱几何、网络理论、组合优化等数学分支均密切相关,同时在物理、理论化学、计算机科学、电子工程学中均有重要的应用.

研究拉普拉斯特征值的方法主要有如下三种:

(1) 代数方法。即用矩阵论并结合图的图论性质来研究拉普拉斯特征值,见文献[40].

（2）几何方法. 即研究图的拉普拉斯矩阵 $L(G) = D(G) - A(G)$ 所对应的二次型并结合图的图论性质来研究拉普拉斯特征值或将图的规范拉普拉斯矩阵 $D(G)^{-\frac{1}{2}} L(G) D(G)^{-\frac{1}{2}}$ 视为 Riemmann 流形上的拉普拉斯算子的离散形式, 从而将拉普拉斯算子理论引入到拉普拉斯特征值的研究中, 见文献[11, 79].

（3）概率方法. 即通过引入随机路的概念, 利用概率论的方法研究拉普拉斯特征值, 见文献[12].

另外, 也可以借助于计算机来对拉普拉斯特征值进行研究, 见文献[9]. 在本书中, 我们主要利用代数方法和几何方法来对图的拉普拉斯特征值进行研究.

在图的拉普拉斯特征值中, 最重要的有两个: 图的最大拉普拉斯特征值（即拉普拉斯谱半径）和图的第二小的拉普拉斯特征值（即代数连通度）. 利用代数方法和几何方法对拉普拉斯特征值进行研究, 主要有以下几个方面的工作:

（1）对拉普拉斯谱半径的研究. 主要是利用图的顶点度来给出拉普拉斯谱半径的可达上界, 该方面最早的工作是 1985 年 Anderson 和 Morley[2] 给出的如下上界:

设 $G = (V, E)$ 是有 n 个顶点的图, 则

$$\mu(G) \leqslant \max\{d_u + d_v : uv \in E\},$$

等式成立当且仅当 G 是二分正则图或 G 是二分准正则图, 其中, $\mu(G)$ 表示图 G 的拉普拉斯谱半径.

1997 年, 李炯生和张晓东[67] 改进了 Anderson-Morley 的上界, 自此以后, 有关拉普拉斯谱半径的上界大量涌现, 见文献[16, 17, 66, 68, 69, 73, 84, 87, 96]. 最近, 一个有意义的工作是 Brankov, Hansen 和 Stevanović[9] 对已有的上界进行了研究和比较并利用计算机给出了一些关于拉普拉斯谱半

径的上界的猜想.

另外,在文献[40]中,Grone 等人考虑了对某些特殊图类进行收缩运算后,拉普拉斯谱半径的变化情况.

(2)对代数连通度及其所对应的特征向量的研究.该方面早期的经典工作是 Fiedler 在文献[29]和[30]中分别研究了图的代数连通度及其所对应的特征向量,提出了用代数连通度所对应的特征向量来研究代数连通度的新思路,因此,代数连通度所对应的特征向量通常被称为 Fiedler 向量;1987 年以来,Grone,Merris 等人对树的代数连通度及 Fiedler 向量进行了进一步的深入研究,见文献[37,38,70];最近,Fallat 和 Kirkland 等通过引入 Bottleneck 矩阵,对一般图的代数连通度进行了研究,将代数连通度的研究推向了一个新的层面,见文献[3,24,25,26,27,59,60,61,62].

(3)对拉普拉斯特征值与图的不变量之间的关系的研究.该方面的早期工作是 Fiedler 在文献[29]中给出了代数连通度与图的连通度,边连通度之间的如下关系:

设 G 是 n 阶图,则

(1)G 连通的充要条件是其代数连通度 $\alpha(G) > 0$;

(2)设图 G 的连通度和边连通度分别为 $v(G)$ 和 $e(G)$,则有 $\alpha(G) \leqslant v(G) \leqslant e(G)$.

进一步的研究发现,可以用拉普拉斯特征值来估计图的诸多不变量,如直径[11]、等周数[76,77]、最大割[78]、扩充子[1]等,有些图的不变量的计算是 NP-hard 问题,而拉普拉斯特征值则可用多项式理论中渐近求根方法加以计算.

(4)对图的其他拉普拉斯特征值的研究.在文献[36,40,71]中,Grone 等研究了拉普拉斯特征值落在某一区间上的重数;在文献[65]中,李炯生等研究了图的第二大拉普拉斯特征值,给出了第二大拉普拉斯特征值的一个可达下界;Pati[82]研究了图的第三个最小的拉普拉斯特征值及其所对应的特征向量.

在本书中,我们主要做了如下一些工作:

(1) 给出了图的拉普拉斯谱半径的若干个新的上界,对某些实例,我们的上界要优于已知的结果,同时也给出了一个二分图的拉普拉斯谱半径的可达下界(2.1节);研究了在图的各种运算(例如,加边运算、嫁接运算、剖分运算、移边运算等)下,拉普拉斯谱半径的变化情况(2.2—2.5节),利用所得结果,得到了具有 n 个顶点和 k 个悬挂点的单圈图以及双圈图的拉普拉斯谱半径的可达上界和全部极图(2.6节).

(2) 通过研究图的拉普拉斯特征多项式,巧妙地将拉普拉斯矩阵分块,从而得到有关拉普拉斯特征多项式计算的一些基本公式(1.4节),进一步得到了树的第二大拉普拉斯特征值的一些可达的上、下界(4.3节)和树的第 k 大拉普拉斯特征值的可达上界(4.4节).

(3) 通过研究具有悬挂路的图的 Fiedler 向量的性质,得到了在嫁接运算下代数连通度的变化规律(3.1节),把该结果与图的拉普拉斯特征多项式相结合,成功地解决了 1998 年 Fallat,Kirkland[24, 25] 提出的关于具有固定围长的连通图的代数连通度的一个猜想(3.2节).

(4) 利用拉普拉斯特征多项式,研究了具有固定直径的树的拉普拉斯谱半径(4.1节)且给出了具有最大拉普拉斯谱半径的前十三个树(4.2节);研究了拉普拉斯谱半径的极限点(2.7节);对拉普拉斯特征值的重数也进行了一些研究(5.1,5.2节);给出了图的第三大拉普拉斯特征值的一个可达下界(5.3节).

1.2　基　本　概　念

在本书中,所用到的未加定义的图论和矩阵论中的一些基本定义和术语可见文献[7,8]和文献[55]. 设 $G = (V, E)$ 是有 n 个顶点的简单连通图（不含环和多重边），其中，$V = \{v_1, v_2, \cdots, v_n\}$ 表示点集合，E 是边集合. 图 G 的邻接矩阵定义为一个 $n \times n$ 矩阵 $\boldsymbol{A}(G) = (a_{ij})$，其中，当 v_i 和 v_j 相邻时，$a_{ij} = 1$；当 v_i 和 v_j 不相邻时，$a_{ij} = 0$. 假如 G 是一个简单图，则 $\boldsymbol{A}(G)$ 是一个实对称的 $(0, 1)$ 矩阵且它的主对角线上的元素全为零. 从而它的特征值全为实数. 不失一般性，可以假设它们按照如下从大到小的顺序排列为

$$\lambda_1(G) \geqslant \lambda_2(G) \geqslant \cdots \geqslant \lambda_n(G),$$

且称 $\lambda_k(G)$ 为图 G 的第 k 大的特征值. 特别地，称 $\lambda_1(G)$ 为图 G 的谱半径. 假如 $\boldsymbol{M}$ 是一个 n 阶方阵且其特征值全为实数，我们不妨用 $\lambda_k(\boldsymbol{M})$ 表示它的第 k 大的特征值. 特别令 $\rho(\boldsymbol{M}) = \max\{|\lambda_i(\boldsymbol{M})| : i = 1, 2, \cdots, n\}$，称为 $\boldsymbol{M}$ 的谱半径.

令 $d(v_i)$ 表示顶点 v_i 的度，$d_i(G)$ 表示 G 的第 i 大的度，即有 $d_1(G) \geqslant d_2(G) \geqslant \cdots \geqslant d_n(G)$，$|G|$ 或 $|V(G)|$ 表示图 G 的顶点数，图 G 的拉普拉斯矩阵定义为 $\boldsymbol{L}(G) = \boldsymbol{D}(G) - \boldsymbol{A}(G)$，其中，$\boldsymbol{D} = \boldsymbol{D}(G) = \mathrm{diag}(d(v_1), d(v_2), \cdots, d(v_n))$ 是图 G 的度对角矩阵. 对图 G 的每一条边，取其一个端点为始点，另一端点为终点，这一过程称为给图 G 一个定向. 当图 G 取定一定向时，其定向关联矩阵定义为 $\boldsymbol{Q} = \boldsymbol{Q}(G) = (q_{ij})$，其中，

$$q_{ij} = \begin{cases} 1, & \text{当 } v_i \text{ 是边 } e_j \text{ 的始点时}, \\ -1, & \text{当 } v_i \text{ 是边 } e_j \text{ 的终点时}, \\ 0, & \text{其他}. \end{cases}$$

则 $\boldsymbol{L}(G) = \boldsymbol{Q}(G)\boldsymbol{Q}(G)^{\mathrm{T}}$（其中 $\boldsymbol{Q}(G)^{\mathrm{T}}$ 是矩阵 $\boldsymbol{Q}(G)$ 的转置矩阵）且 $\boldsymbol{L}(G)$ 与 G 的定向无关（见文献[35]）. 容易证明，$\boldsymbol{L}(G)$ 是一个半正定的、对称的实矩阵，且它的每一行的行和为零，因此，$\boldsymbol{L}(G)$ 又是奇异的. 从而，我们可以假设它的特征值按照从大到小的顺序排列为

$$\mu_1(G) \geqslant \mu_2(G) \geqslant \cdots \geqslant \mu_n(G) = 0,$$

且称 $\mu_k(G)$ 为图 G 的第 k 大的拉普拉斯特征值. 特别地,称 $\mu_1(G)$ 为图 G 的拉普拉斯谱半径,记为 $\mu(G)$. 矩阵 $\boldsymbol{L}(G)$ 的谱称为 G 的拉普拉斯谱,记作 $Spec(G)$,即 $Spec(G) = \{\mu_1(G), \mu_2(G), \cdots, \mu_n(G)\}$.

设 $\boldsymbol{X}$ 是图 G 的相应于 $\mu_k(G)$ 的一个特征向量,自然地,$\boldsymbol{X}$ 中的分量可以与图 G 的顶点之间建立一个一一对应关系,称为给 G 一个点赋值[74]. 我们常将对应于点 v_i 的 $\boldsymbol{X}$ 中的分量记为 $\boldsymbol{X}(v_i)$ 或 x_{v_i} 或 x_i. 特别地,假如 $\boldsymbol{X}$ 是相应于 $\mu(G)$ 的单位特征向量,则我们有

$$\mu(G) = \boldsymbol{X}^{\mathrm{T}} \boldsymbol{L}(G) \boldsymbol{X} = \sum_{v_i v_j \in E} (\boldsymbol{X}(v_i) - \boldsymbol{X}(v_j))^2$$
$$= \max_{Y \in R^n \setminus \{0\}} \frac{\boldsymbol{Y}^{\mathrm{T}} \boldsymbol{L}(G) \boldsymbol{Y}}{\boldsymbol{Y}^{\mathrm{T}} \boldsymbol{Y}}.$$

对 $\boldsymbol{X}$ 的每一个分量取绝对值,得到一个新的向量,记作 $|\boldsymbol{X}|$.

在文献[29]中,Fiedler 证明:图 G 是连通的当且仅当 G 的第二个最小的拉普拉斯特征值 $\mu_{n-1}(G) > 0$. 因此,$\mu_{n-1}(G)$ 被 Fiedler 称为图 G 的代数连通度,记为 $\alpha(G)$. 人们把对应于 $\alpha(G)$ 的特征向量称为 Fiedler 向量. 假如 $\boldsymbol{X}$ 是一个单位 Fiedler 向量,则有

$$\alpha(G) = \boldsymbol{X}^{\mathrm{T}} \boldsymbol{L}(G) \boldsymbol{X} = \sum_{v_i v_j \in E} (\boldsymbol{X}(v_i) - \boldsymbol{X}(v_j))^2$$
$$= \min_{\substack{Y \in R^n \setminus \{0\} \\ Y^{\mathrm{T}} e_n = 0}} \frac{\boldsymbol{Y}^{\mathrm{T}} \boldsymbol{L}(G) \boldsymbol{Y}}{\boldsymbol{Y}^{\mathrm{T}} \boldsymbol{Y}},$$

其中,e_n 是 n 维的全 1 列向量.

如果图 G 中的两条边没有公共点,则称它们为独立的. G 中两两独立的边的集合称为 G 的一个匹配. 图 G 的所有匹配中,含有边数最多的匹配称为 G 的一个最大匹配. G 的一个最大匹配所含边数称为 G 的匹配数,记作 $\beta(G)$. 如果 G 的顶点数等于 $2\beta(G)$,则称 G 的最大匹配为一个完美匹配或称

G 含有一个完美匹配.

图 $G = (V, E)$ 的线图记作 $\ell(G)$,它是由 G 通过如下方式而得到:以 G 的边集合 E 作为 $\ell(G)$ 的点集合,E 中任意两个元素在 $\ell(G)$ 中是邻接的当且仅当它们在 G 中有公共点.

对于图的拉普拉斯矩阵,还可以从另外一个角度来研究它,即 $\boldsymbol{K}(G) = \boldsymbol{Q}(G)^{\mathrm{T}}\boldsymbol{Q}(G)$. Forsman[32] 和 Gutman[46] 研究了 $\boldsymbol{L}(G)$ 和 $\boldsymbol{K}(G)$ 之间的联系. 一方面,与 $\boldsymbol{L}(G)$ 不同的是,$\boldsymbol{K}(G)$ 要依赖于 G 的定向;另一方面,当 G 是二分图时,我们总是可以给 G 一个定向,使得 $\boldsymbol{K}(G)$ 是一个非负矩阵且 $\boldsymbol{K}(G) = 2\boldsymbol{I}_m + \boldsymbol{A}(\ell(G))$,其中 $\boldsymbol{A}(\ell(G))$ 是 G 的线图 $\ell(G)$ 的邻接矩阵,$\boldsymbol{I}_m$ 是一个 m 阶的单位矩阵. 由于 $\boldsymbol{K}(G) = \boldsymbol{Q}(G)^{\mathrm{T}}\boldsymbol{Q}(G)$ 和 $\boldsymbol{L}(G) = \boldsymbol{Q}(G)\boldsymbol{Q}(G)^{\mathrm{T}}$ 有相同的非零特征值(见文献[55]),因此,假如 G 是一个二分图,则 $\boldsymbol{L}(G)$ 与 $2\boldsymbol{I}_m + \boldsymbol{A}(\ell(G))$ 有相同的非零特征值.

设 $\boldsymbol{B}$ 是一个方阵,用 $\varPhi(\boldsymbol{B}) = \varPhi(\boldsymbol{B}; x) = \det(x\boldsymbol{I} - \boldsymbol{B})$ 表示 $\boldsymbol{B}$ 的特征多项式. 特别地,如果 $\boldsymbol{B} = \boldsymbol{L}(G)$,则用 $\varPhi(G)$ 或 $\varPhi(G; x)$ 表示 $\varPhi(\boldsymbol{L}(G))$,且称 $\varPhi(G)$ 为 G 的拉普拉斯特征多项式.

1.3 矩阵论中的基本定理及其在拉普拉斯特征值中的应用

由矩阵论中的基本定理可以得到图的拉普拉斯特征值的某些基本性质. 在本节中,我们将只给出与图的拉普拉斯特征值密切相关的矩阵论中的某些最重要的基本定理,而对于一些其他的矩阵论中的结果,我们将在后面需要的时候再引进.

如下的定理通常被称为 Courant-Weyl 不等式(见文献[14]).

定理 1.3.1 设 $\lambda_1(\boldsymbol{X}) \geqslant \lambda_2(\boldsymbol{X}) \geqslant \cdots \geqslant \lambda_n(\boldsymbol{X})$ 表示 n 阶实对称矩阵 $\boldsymbol{X}$

的 n 个特征值. 设 $\boldsymbol{A}$ 和 $\boldsymbol{B}$ 都是 n 阶实对称矩阵且 $\boldsymbol{C} = \boldsymbol{A} + \boldsymbol{B}$, 则有

$$\lambda_{i+j+1}(\boldsymbol{C}) \leqslant \lambda_{i+1}(\boldsymbol{A}) + \lambda_{j+1}(\boldsymbol{B}),$$

$$\lambda_{n-i-j}(\boldsymbol{C}) \geqslant \lambda_{n-i}(\boldsymbol{A}) + \lambda_{n-j}(\boldsymbol{B}),$$

其中 $0 \leqslant i$, j, $i+j+1 \leqslant n$. 特别地,

$$\lambda_1(\boldsymbol{C}) \leqslant \lambda_1(\boldsymbol{A}) + \lambda_1(\boldsymbol{B}).$$

设 u 和 v 是图 $G = (V, E)$ 中的两个不同点且 $uv \notin E$, 在 G 中添加边 uv 得到一个新图, 记作 $G' = G + uv$. 由上面的 Courant-Weyl 不等式, 我们有:

引理 1.3.1 G 和 G' 的拉普拉斯特征值满足如下交错关系, 即有

$$\mu_1(G') \geqslant \mu_1(G) \geqslant \mu_2(G') \geqslant \mu_2(G) \geqslant \cdots \geqslant \mu_n(G') = \mu_n(G) = 0.$$

由引理 1.3.1, 我们有如下推论.

推论 1.3.1 设 G_1 是 G 的一个子图, 则有 $\mu(G_1) \leqslant \mu(G)$.

定理 1.3.2[14] 每一个非负矩阵 $\boldsymbol{A}$ 的真主子阵的最大特征值 $\tilde{r}$ 不超过 $\boldsymbol{A}$ 的最大特征值 r. 进一步, 假如 $\boldsymbol{A}$ 是不可约的, 则总有 $\tilde{r} < r$; 假如 $\boldsymbol{A}$ 是可约的, 则至少存在一个真主子阵, 使得 $\tilde{r} = r$ 成立.

定理 1.3.3[14] 设 $\boldsymbol{A}$ 是一个非负矩阵, 则 $\boldsymbol{A}$ 的最大特征值随着 $\boldsymbol{A}$ 中元素的增加而递增. 进一步, 如果 $\boldsymbol{A}$ 是不可约的, 则 $\boldsymbol{A}$ 的最大特征值随着 $\boldsymbol{A}$ 中元素的增加而严格递增.

定理 1.3.4[40] 设 G 是一个二分图, 则非负对称阵 $\boldsymbol{B}(G) = \boldsymbol{D}(G) + \boldsymbol{A}(G) = |\boldsymbol{L}(G)|$ 和 $\boldsymbol{L}(G)$ 是酉相似的; 特别地, 如果 G 是连通的, 则 G 的拉普拉斯谱半径是 $\boldsymbol{L}(G)$ 的一个单特征值.

推论 1.3.2 设 G_1 是连通二分图 G 的一个真子图, 则有 $\mu(G_1) < \mu(G)$.

证明 假如 G_1 是 G 的一个真的连通的生成支撑子图, 由定理 1.3.3

和定理 1.3.4,有

$$\mu(G_1) = \lambda_1(\boldsymbol{D}(G_1) + \boldsymbol{A}(G_1)) < \lambda_1(\boldsymbol{D}(G) + \boldsymbol{A}(G)) = \mu(G),$$

结果成立. 下面,假设 G_1 是 G 的一个真的诱导子图,由定理 1.3.3 和定理 1.3.4,有

$$\mu(G_1) = \lambda_1(\boldsymbol{D}(G_1) + \boldsymbol{A}(G_1)) \leqslant \lambda_1(\boldsymbol{B}_1), \qquad (1-3-1)$$

其中,$\boldsymbol{B}_1$ 是由 $\boldsymbol{B}(G) = \boldsymbol{D}(G) + \boldsymbol{A}(G)$ 通过去掉对应于点 $\boldsymbol{V}(G) - \boldsymbol{V}(G_1)$ 的行和列后而得到的主子阵.

由定理 1.3.2 和定理 1.3.4,我们有

$$\lambda_1(\boldsymbol{B}_1) < \lambda_1(\boldsymbol{B}(G)) = \mu(G). \qquad (1-3-2)$$

由不等式(1-3-1)和不等式(1-3-2),有 $\mu(G_1) < \mu(G)$. 证毕. ■

下面的不等式通常被称为 Cauchy 不等式,整个的定理被称为交错定理.

定理 1.3.5[14] 设 $\boldsymbol{A}$ 是一个 n 阶的 Hermitian 矩阵且具有特征值 $\lambda_1 \geqslant \lambda_2 \geqslant \cdots \geqslant \lambda_n$. 设 $\boldsymbol{B}$ 是 $\boldsymbol{A}$ 的一个 m 阶主子阵,具有特征值 $\mu_1 \geqslant \mu_2 \geqslant \cdots \geqslant \mu_m$. 则下面的不等式成立:

$$\lambda_{n-m+i} \leqslant \mu_i \leqslant \lambda_i \quad (i = 1, 2, \cdots, m).$$

设 $\boldsymbol{A}$ 是一个矩阵,对 $\boldsymbol{A}$ 的每一个元素取绝对值得到一个新的矩阵,记作 $|\boldsymbol{A}|$.

定理 1.3.6[34] 假如 $\boldsymbol{A}$ 是不可约的矩阵且 λ 是 $\boldsymbol{A}$ 的一个特征值,则 $|\lambda|$ 不超过 $|\boldsymbol{A}|$ 的最大特征值.

定理 1.3.7[55] 设 $\boldsymbol{M} = (m_{ij})$ 是一个 n 阶的不可约非负矩阵,令 $R_i(\boldsymbol{M})$ 是 $\boldsymbol{M}$ 的第 i 行的行和,即 $R_i(\boldsymbol{M}) = \sum_{j=1}^{n} m_{ij} (1 \leqslant i \leqslant n)$,则有

$$\min\{R_i(\boldsymbol{M}) : 1 \leqslant i \leqslant n\} \leqslant \rho(\boldsymbol{M}) \leqslant \max\{R_i(\boldsymbol{M}) : 1 \leqslant i \leqslant n\}.$$

进一步,假如 M 的行和不全相等,则上述两个不等式都严格成立.

定理 1.3.8[55]　设 M 是一个非负不可约矩阵,则存在一个正的向量 X,使得 $MX = \rho(M)X$.

下面的结果通常被称为 Geršgorin 圆盘定理(见文献[55]).

定理 1.3.9　设 $A = (a_{ij})$ 是一个 n 阶复矩阵,且设

$$R_i(A) = \sum_{\substack{j=1 \\ j \neq i}}^{n} |a_{ij}|, 1 \leqslant i \leqslant n.$$

则 A 的全部特征值一定落在如下的 n 个圆盘的并中:

$$\bigcup_{i=1}^{n} \{z \in C: |z - a_{ii}| \leqslant R_i(A)\}.$$

更进一步,假如有 k 个圆盘的并构成一个连通区域且该区域与剩下的 $n-k$ 个圆盘不相交,则 A 恰好有 k 个特征值落在该连通区域内.

设 $A = (a_{ij})$ 是一个 n 阶方阵,B 是一个 m 阶方阵,称矩阵 $(a_{ij}B)$ 为 A 和 B 的 tensor 积,记作 $A \otimes B$. 易见 $A \otimes B$ 是一个 nm 阶的矩阵且 $I_m \otimes I_n = I_{mn}$. 例如,假如 $A = \begin{bmatrix} a_{11} & a_{12} \\ a_{21} & a_{22} \end{bmatrix}$,$B = \begin{bmatrix} b_{11} & b_{12} \\ b_{21} & b_{22} \end{bmatrix}$,则

$$A \otimes B = \begin{bmatrix} a_{11}b_{11} & a_{11}b_{12} & a_{12}b_{11} & a_{12}b_{12} \\ a_{11}b_{21} & a_{11}b_{22} & a_{12}b_{21} & a_{12}b_{22} \\ a_{21}b_{11} & a_{21}b_{12} & a_{22}b_{11} & a_{22}b_{12} \\ a_{21}b_{21} & a_{21}b_{22} & a_{22}b_{21} & a_{22}b_{22} \end{bmatrix}.$$

如下的两个结果可见文献[63].

定理 1.3.10　设 A 和 C 是两个 m 阶矩阵,B 和 D 是两个 n 阶矩阵,则有

(1) $(A+C) \otimes B = (A \otimes B) + (C \otimes B)$;

(2) $(A \otimes B)(C \otimes D) = (AC) \otimes (BD)$.

定理 1.3.11 设 $\boldsymbol{A}$ 是一个 m 阶矩阵，$\boldsymbol{B}$ 是一个 n 阶矩阵，假如 $\boldsymbol{A}^{-1}$ 和 $\boldsymbol{B}^{-1}$ 都存在，则有 $(\boldsymbol{A}\otimes\boldsymbol{B})^{-1}=\boldsymbol{A}^{-1}\otimes\boldsymbol{B}^{-1}$.

下面的定理通常被称为拉普拉斯展开定理[63].

定理 1.3.12 在行列式 $\det\boldsymbol{A}$ 中任取 $k(1\leqslant k\leqslant n)$ 行，则行列式 $\det\boldsymbol{A}$ 等于 k 行上所有 k 阶子式与其代数余子式乘积之和.

1.4 图的拉普拉斯特征多项式

众所周知，图的邻接矩阵的特征多项式在研究邻接矩阵的特征值时起到非常重要的作用. 在本节中，我们将研究图的拉普拉斯特征多项式. 首先，关于不连通图的拉普拉斯特征多项式的如下结果是显然的.

定理 1.4.1 设 G 是 k 个图 G_1，G_2，$\cdots$，G_k 的不交并，即 $G=G_1\bigcup G_2\bigcup\cdots\bigcup G_k$. 则有

$$\Phi(G)=\prod_{i=1}^{k}\Phi(G_i)$$

设 $\boldsymbol{L}_v(G)$ 表示由矩阵 $\boldsymbol{L}(G)$ 去掉对应于点 v 的行和列后而得到的主子阵.

定理 1.4.2 设 G_1 和 G_2 是两个不相交的连通图，且 u 和 v 分别是 G_1 和 G_2 中的两个顶点，用一条边连接 u 和 v，得到一个新图，记为 $G=G_1u\!:\!vG_2$. 则有

$$\Phi(G)=\Phi(G_1)\Phi(G_2)-\Phi(G_1)\Phi(\boldsymbol{L}_v(G_2))-\Phi(G_2)\Phi(\boldsymbol{L}_u(G_1))$$

证明 设 $G_1u\!:\!v$ 是由 G_1 中的点 u 引出一条新的悬挂边 uv 而得到的新图. 通过对 G 中的点适当排序，我们可以假设 $\boldsymbol{L}(G)$ 有如下形式：

$$L(G) = \begin{pmatrix} L_v(G_1 u \colon v) & -E_{11} \\ -E_{11}^{\mathrm{T}} & L_{u_-}(G_2 v \colon u) \end{pmatrix},$$

其中，E_{11} 是一个仅仅第一行第一列元素为 1，而其他元素为 0 的 $|V(G_1)| \times |V(G_2)|$ 阶矩阵.

由定理 1.3.12，有

$$\Phi(L(G)) = \Phi(L_v(G_1 u \colon v))\Phi(L_u(G_2 v \colon u)) - \Phi(L_u(G_1))\Phi(L_v(G_2)).$$

$$(1-4-1)$$

因为

$$\Phi(L_v(G_1 u \colon v)) = \Phi(G_1) - \Phi(L_u(G_1)),$$

$$\Phi(L_u(G_2 v \colon u)) = \Phi(G_2) - \Phi(L_v(G_2)).$$

把上述两式代入式（1-4-1），得到所需要的结论.

注：由上述定理的证明过程可知，若 G 中有环，上述结果仍然成立.

设 $K_{1,s}$ 是一个有 $s+1$ 个顶点的星图，用一条边连接两个不交的星图 $K_{1,s}$ 和 $K_{1,t}$ 的中心，得到一个新图，记作 $T_3(s,t)$，显然有 $|V(T_3(s,t))| = s+t+2$. 由上面的定理，我们有如下结果.

推论 1.4.1[38]　　$\Phi(L(T_3(s,t))) = x(x-1)^{n-4}[x^3 - (n+2)x^2 + (2n+st+1)x - n]$.

推论 1.4.2　　设 G_1，G_2，$\cdots$，G_s，G 是 $s+1$ 个不交的连通图且 v_i 是 $G_i(i=1,2,\cdots,s)$ 中的点，v 是 G 中的点. 设图 H_s 是由图 G_1，G_2，$\cdots$，G_s 和 G 通过添加新边 vv_1，vv_2，$\cdots$，vv_s 而得到. 则有

$$\Phi(H_s) = \Phi(G)\prod_{i=1}^{s}(\Phi(G_i) - \Phi(L_{v_i}(G_i)))$$

$$- \Phi(L_v(G))\prod_{i=1}^{s}\Phi(G_i)\prod_{\substack{j=1 \\ j \neq i}}^{s}(\Phi(G_j) - \Phi(L_{v_j}(G_j)))$$

证明 为了证明本结论，对 s 用数学归纳法. 假如 $s=1$，由定理 1.4.2，结论显然成立. 以下假设 $s \geqslant 2$ 时结论成立. 设图 G_i^0 是由图 G_i 通过在点 v_i，($i=1$，$\cdots$，s) 处添加一个环而得到 (设一个环对相应点的度的贡献为 1). 则有

$$\Phi(\boldsymbol{L}(G_i^0)) = \Phi(G_i) - \Phi(\boldsymbol{L}_{v_i}(G_i)) \quad (i=1，\cdots，s).$$

取 $u=v_s$，$v=v$，由定理 1.4.2 和归纳假设，有

$$\Phi(H_s) = \Phi(H_{s-1})(\Phi(G_s) - \Phi(\boldsymbol{L}_{v_s}(G_s)))$$

$$- \Phi(G_s)\Phi(\boldsymbol{L}_v(G))\prod_{i=1}^{s-1}\Phi(\boldsymbol{L}(G_i^0))$$

$$= \left[\Phi(G)\prod_{i=1}^{s-1}(\Phi(G_i) - \Phi(\boldsymbol{L}_{v_i}(G_i))) \right.$$

$$- \Phi(\boldsymbol{L}_v(G))\prod_{i=1}^{s-1}\Phi(G_i)\prod_{\substack{i=1\\j\neq i}}^{s-1}(\Phi(G_j)$$

$$\left. - \Phi(\boldsymbol{L}_{v_j}(G_j))) \right] \times \left[\Phi(G_s) - \Phi(\boldsymbol{L}_{v_s}(G_s)) \right]$$

$$- \Phi(G_s)\Phi(\boldsymbol{L}_v(G))\prod_{i=1}^{s-1}(\Phi(G_i) - \Phi(\boldsymbol{L}_{v_i}(G_i)))$$

$$= \Phi(G)\prod_{i=1}^{s}(\Phi(G_i) - \Phi(\boldsymbol{L}_{v_i}(G_i)))$$

$$- \Phi(\boldsymbol{L}_v(G))\prod_{i=1}^{s}\Phi(G_i)\prod_{\substack{j=1\\j\neq i}}^{s}(\Phi(G_j) - \Phi(\boldsymbol{L}_{v_j}(G_j))).$$

证毕.

设 $P_n : v_1 v_2 \cdots v_n$ 是一条具有 n 个顶点的路，在 P_n 的某一个悬挂点添加一个环，得到一个新图，记作 P_n^0；在 P_n 的两个悬挂点上分别各添加一个环，得到一个新图，记作 P_n^{00}. 假设每一个环对相应的点的度贡献为 1，则我们也可以对含有环的图定义其相应的拉普拉斯矩阵. 例如，可以定义 P_n^0 和 P_n^{00} 的拉普拉斯矩阵分别如下：

$$\boldsymbol{L}(P_{n-1}^0) = \boldsymbol{L}_{v_1}(P_n)(n \geqslant 2)，\boldsymbol{L}(P_{n-2}^{00}) = \boldsymbol{L}_{v_1, v_n}(P_n)(n \geqslant 3)，$$

其中，$L_{v_1, v_n}(P_n)$ 是由 $L(P_n)$ 通过去掉对应于点 v_1 和 v_n 的行和列后而得到的主子阵. 以下为了方便起见，分别用 $\Phi(P_n^0)$ 和 $\Phi(P_n^{00})$ 来代表 $\Phi(L(P_n^0))$ 和 $\Phi(L(P_n^{00}))$.

设 C_n 是一个有 n 个顶点的圈，由 C_n 的某一点引出一条新的悬挂边，得到一个单圈图，记为 $C_{n+1, n}$.

下面的定理给出了矩阵 $L(P_n)$，$L(C_n)$，$L(P_n^0)$，$L(P_n^{00})$ 和 $L(C_{n+1, n})$ 的特征多项式之间的关系.

定理 1.4.3 令 $\Phi(P^0) = 0$，$\Phi(P_0^0) = 1$，$\Phi(P_0^{00}) = 1$. 我们有

(1) $\Phi(P_{n+1}) = (x-2)\Phi(P_n) - \Phi(P_{n-1})$ $(n \geqslant 1)$；

(2) $x\Phi(P_n^0) = \Phi(P_{n+1}) + \Phi(P_n)$；

(3) $\Phi(P_n) = x\Phi(P_{n-1}^{00})$ $(n \geqslant 1)$；

(4) $\Phi(C_n) = \dfrac{1}{x}\Phi(P_{n+1}) - \dfrac{1}{x}\Phi(P_{n-1}) + 2(-1)^{n+1}$ $(n \geqslant 3, x \neq 0)$；

(5) $\Phi(C_{n+1, n}) = (x-1)\Phi(C_n) - \Phi(P_n)$.

证明 首先证明 (2) 成立. 考虑矩阵 $L(P_n^0)$ 的特征多项式 $\Phi(P_n^0)$，有

$$\Phi(P_n^0) = \begin{vmatrix} x-1-1 & 1 & 0 & \cdots & 0 \\ 1 & x-2 & 1 & \cdots & 0 \\ 0 & 1 & x-2 & \cdots & 0 \\ \vdots & \vdots & \vdots & \ddots & \vdots \\ 0 & 0 & 0 & \cdots & x-1 \end{vmatrix}$$

$$= \Phi(P_n) - \Phi(P_{n-1}^0),$$

从而有

$$\Phi(P_{n-1}^0) = \Phi(P_n) - \Phi(P_n^0). \tag{1-4-2}$$

由定理 1.4.2，有

$$\Phi(P_{n+1}) = (x-1)\Phi(P_n) - x\Phi(P_{n-1}^0). \qquad (1-4-3)$$

把公式(1-4-2)代入公式(1-4-3),有

$$\Phi(P_{n+1}) = (x-1)\Phi(P_n) - x\Phi(P_n) + x\Phi(P_n^0)$$
$$= -\Phi(P_n) + x\Phi(P_n^0).$$

因此,(2)成立.

其次证明(1)成立.由定理 1.4.2 和(2),有

$$\Phi(P_{n+1}) = (x-1)\Phi(P_n) - x\Phi(P_{n-1}^0)$$
$$= (x-1)\Phi(P_n) - \Phi(P_n) - \Phi(P_{n-1})$$
$$= (x-2)\Phi(P_n) - \Phi(P_{n-1}).$$

因此,(1)成立.

第三,我们对 n 使用数学归纳法来证明(3)成立.假如 $n=1,2$,结论显然成立.以下假设 $n-1 \geqslant 2$ 时结论成立.由(1)和归纳假设,有

$$\Phi(P_n) = (x-2)\Phi(P_{n-1}) - \Phi(P_{n-2})$$
$$= x(x-2)\Phi(P_{n-2}^{00}) - x\Phi(P_{n-3}^{00})$$
$$= x[(x-2)\Phi(P_{n-2}^{00}) - \Phi(P_{n-3}^{00})].$$

对行列式 $\Phi(P_{n-1}^{00})$ 按第一行展开,有

$$\Phi(P_{n-1}^{00}) = (x-2)\Phi(P_{n-2}^{00}) - \Phi(P_{n-3}^{00}).$$

从而,(3)成立.

第四,我们证明(4)成立.对行列式 $\Phi(C_n)$ 按第一行展开,有

$$\Phi(C_n) = \begin{vmatrix} x-2 & 1 & 0 & \cdots & 1 \\ 1 & x-2 & 1 & \cdots & 0 \\ 0 & 1 & x-2 & \cdots & 0 \\ \vdots & \vdots & \vdots & \ddots & \vdots \\ 1 & 0 & 0 & \cdots & x-2 \end{vmatrix}_{n \times n}$$

$$= (x-2)\Phi(P_{n-1}^{00}) - \begin{vmatrix} 1 & 1 & 0 & \cdots & 0 \\ 0 & x-2 & 1 & \cdots & 0 \\ 0 & 1 & x-2 & \cdots & 0 \\ \vdots & \vdots & \vdots & \ddots & \vdots \\ 1 & 0 & 0 & \cdots & x-2 \end{vmatrix}_{(n-1)\times(n-1)}$$

$$-\Phi(P_{n-2}^{00}) + (-1)^{n+1}$$

$$= (x-2)\Phi(P_{n-1}^{00}) - \Phi(P_{n-2}^{00})$$

$$+ (-1)^{n+1} - \Phi(P_{n-2}^{00}) + (-1)^{n+1}$$

$$= (x-2)\Phi(P_{n-1}^{00}) - 2\Phi(P_{n-2}^{00}) + 2(-1)^{n+1}.$$

把上述公式与(1)和(3)结合,则有

$$\Phi(C_n) = \frac{x-2}{x}\Phi(P_n) - \frac{2}{x}\Phi(P_{n-1}) + 2(-1)^{n+1}$$

$$= \frac{1}{x}\big[(x-2)\Phi(P_n) - \Phi(P_{n-1}) - \Phi(P_{n-1})\big] + 2(-1)^{n+1}$$

$$= \frac{1}{x}\Phi(P_{n+1}) - \frac{1}{x}\Phi(P_{n-1}) + 2(-1)^{n+1}.$$

从而,(4)成立.

最后,我们证明(5)成立. 由定理 1.4.2 和(3),有

$$\Phi(C_{n+1,n}) = (x-1)\Phi(C_n) - x\Phi(P_{n-1}^{00})$$

$$= (x-1)\Phi(C_n) - \Phi(P_n).$$

因此,(5)成立. 证毕.

定理 1.4.4 令 $a = \dfrac{x-2+\sqrt{x^2-4x}}{2}$, $b = \dfrac{x-2-\sqrt{x^2-4x}}{2}$, 则有

$$\Phi(P_n) = \frac{x}{\sqrt{x^2-4x}}(a^n - b^n) \quad (n \geqslant 0).$$

证明 对 n 使用数学归纳法.假如 $n=0,1$,结论显然成立,以下假设 $n \geqslant 2$ 时结论成立.由定理 1.4.3 的结论(1)和归纳假设,有

$$\Phi(P_n) = (x-2)\Phi(P_{n-1}) - \Phi(P_{n-2})$$

$$= \frac{x(x-2)}{\sqrt{x^2-4x}}(a^{n-1}-b^{n-1}) - \frac{x}{\sqrt{x^2-4x}}(a^{n-2}-b^{n-2})$$

$$= \frac{x}{\sqrt{x^2-4x}}((x-2)a^{n-1}-a^{n-2}-(x-2)b^{n-1}+b^{n-2})$$

$$= \frac{x}{\sqrt{x^2-4x}}(a^n-b^n).$$

证毕.

推论 1.4.3 $\Phi(P_n^0) = \dfrac{1}{\sqrt{x^2-4x}}(a^{n+1}+a^n-b^{n+1}-b^n).$

证明 由定理 1.4.3 的结论(2)和定理 1.4.4,有

$$\Phi(P_n^0) = \frac{1}{x}\Phi(P_{n+1}) + \frac{1}{x}\Phi(P_n)$$

$$= \frac{1}{\sqrt{x^2-4x}}(a^{n+1}+a^n-b^{n+1}-b^n).$$

证毕.

由定理 1.4.4 和推论 1.4.3,有如下结论:

定理 1.4.5 设 m 和 n 是两个整数,且 $m \geqslant 2$, $n \geqslant 1$.若 $x \neq 0$,则有

(1) $\Phi(P_m)\Phi(P_n) - \Phi(P_{m-1})\Phi(P_{n+1}) = \Phi(P_{m-1})\Phi(P_{n-1}) - \Phi(P_{m-2})\Phi(P_n)$ $(x \neq 2)$;

(2) $\Phi(P_m^0)\Phi(P_n) - \Phi(P_{m-1}^0)\Phi(P_{n+1}) = \Phi(P_{m-1}^0)\Phi(P_{n-1}) - \Phi(P_{m-2}^0)\Phi(P_n)$;

(3) $\Phi(P_m^0)\Phi(P_n^0) - \Phi(P_{m-1}^0)\Phi(P_{n+1}^0) = \Phi(P_{m-1}^0)\Phi(P_{n-1}^0) - \Phi(P_{m-2}^0)\Phi(P_n^0)$.

第 2 章

图的拉普拉斯谱半径

设 $\overline{G}$ 是 n 阶图 G 的补图. 令 $\boldsymbol{I}_n$ 和 $\boldsymbol{J}_n$ 分别表示 n 阶单位阵和元素全为 1 的 n 阶方阵,则有 $\boldsymbol{L}(G) + \boldsymbol{L}(\overline{G}) = n\boldsymbol{I}_n - \boldsymbol{J}_n$. 从而有 $\mu(G) + \alpha(\overline{G}) = n$,即图的拉普拉斯谱半径和图的代数连通度是可以互推的. 从这个意义上来说,图的拉普拉斯谱半径和代数连通度具有同等的重要性.

2.1 图的拉普拉斯谱半径的可达的上下界

本节的目的在于给出图的拉普拉斯谱半径的一些新的可达的上界和下界. 在本节中,假设点 v_i 的度 $d(v_i)$ 简记为 d_i. 我们首先回顾自 1980 年以来已知的拉普拉斯谱半径的可达的上界.

(1) Anderson 和 Morley 的界[2]:

$$\mu(G) \leqslant \max\{d_i + d_j : v_i v_j \in E\}, \qquad (*)$$

若 G 是连通的,则等式成立当且仅当 G 是二分正则图或 G 是二分准正则图.

(2) 李炯生和张晓东的总是比 $(*)$ 好的界[67]:

$$\mu(G) \leqslant 2 + \sqrt{(r-2)(s-2)}, \qquad (2-1-1)$$

其中，$r = \max\{d_i + d_j : v_i v_j \in E\}$；$s = \max\{d_i + d_j : v_i v_j \in E - \{v_k v_h\}\}$，

$v_k v_h \in E(G)$，且 $d_k + d_h = r$.

（3）Merris 的界[73]：

$$\mu(G) \leqslant \max\{d_i + m_i : v_i \in V(G)\}, \qquad (\ast\ast)$$

其中，m_i 是指与点 v_i 相邻接的点的度的平均值，即 $m_i = \dfrac{\sum\limits_{v_i v_j \in E} d_j}{d_i}$.

（4）李炯生和张晓东的另一个总是比（$\ast\ast$）好的界[68]：

$$\mu(G) \leqslant \max\left\{\frac{d_i(d_i + m_i) + d_j(d_j + m_j)}{d_i + d_j} : v_i v_j \in E\right\}.$$

$$(2-1-2)$$

（5）Rojo 等人的一个总是不超过 n 的界[84]：

$$\mu(G) \leqslant \max\{d_i + d_j - |N_i \bigcap N_j| : v_i \neq v_j\}, \qquad (\ast\ast\ast)$$

其中，$N_i = \{v_j : v_i v_j \in E\}$.

（6）李炯生和潘永亮的界[66]：

$$\mu(G) \leqslant \max\{\sqrt{2d_i(d_i + m_i)} : v_i \in V(G)\}. \qquad (\ast\ast\ast\ast)$$

（7）束金龙、洪渊和闻人凯的界[87]：

$$\mu(G) \leqslant \delta + \frac{1}{2} + \sqrt{\left(\delta - \frac{1}{2}\right)^2 + \sum_{i=1}^{n} d_i(d_i - \delta)}, \qquad (2-1-3)$$

其中，δ 表示 G 的最小度.

（8）Das 的总是比（$\ast\ast\ast$）好的界[16]：

$$\mu(G) \leqslant \max\{d_i + d_j - |N_i \bigcap N_j| : v_i v_j \in E\}. \qquad (2-1-4)$$

（9）另一个 Das 的总是比（$\ast\ast\ast\ast$）好的界[16]：

$$\mu(G) \leqslant \max\{\sqrt{2d_i(d_i + m_i')} : v_i \in V(G)\}, \qquad (2-1-5)$$

其中, $m_i' = \dfrac{\sum\limits_{v_iv_j \in E}(d_j - |N_i \cap N_j|)}{d_i}$.

(10) 一个新的 Das 的总是比(∗ ∗)好的界[17]:

$$\mu(G) \leqslant \max\left\{\frac{d_i + d_j + \sqrt{(d_i - d_j)^2 + 4m_im_j}}{2} : v_iv_j \in E\right\}. \quad (2-1-6)$$

(11) 刘慧清、陆玫和田丰的界[69]:

$$\mu(G) \leqslant \frac{(\Delta + \delta - 1) + \sqrt{(\Delta + \delta - 1)^2 + 4(4m - 2\delta(n-1))}}{2},$$

$$(2-1-7)$$

其中, Δ, m 和 n 分别表示图 G 的最大度、边数和顶点数.

(12) 张晓东的界[96]:

$$\mu(G) \leqslant \max\{2 + \sqrt{d_i(d_i + m_i - 4) + d_j(d_j + m_j - 4) + 4} : v_iv_j \in E\}.$$

$$(2-1-8)$$

(13) 张晓东的总是比(∗ ∗ ∗ ∗)好的界[96]:

$$\mu(G) \leqslant \max\{d_i + \sqrt{d_im_i} : v_i \in V(G)\}. \qquad (2-1-9)$$

(14) 张晓东的另一个界[96]:

$$\mu(G) \leqslant \max\{\sqrt{d_i(d_i + m_i) + d_j(d_j + m_j)} : v_iv_j \in E\}.$$

$$(2-1-10)$$

关于图的拉普拉斯谱半径的最近的综述性文章,可见文献[9]. 下面我们将给出图的拉普拉斯谱半径的一些新的上、下界,然后,将举例说明我们的界在某种意义下要比已知的界好.

定理 2.1.1　设 G 是一个有 n 个顶点的图，则有

$$\mu(G) \leqslant \max\left\{\frac{d_i + \sqrt{d_i^2 + 8d_i m_i'}}{2} : v_i \in V(G)\right\}, \qquad (2-1-11)$$

等式成立当且仅当 G 是一个二分正则图.

证明　令 $\boldsymbol{X} = (x_1, x_2, \cdots, x_n)^{\mathrm{T}}$ 是一个 $\boldsymbol{L}(G)$ 的对应于 $\mu(G)$ 的特征向量且设 $x_k(k=1,2,\cdots,n)$ 与 G 中点 v_k 对应. 设 x_i 是 $\boldsymbol{X}$ 的全部元素中绝对值最大的一个，而其他的元素的绝对值都不超过它，即对任意的 $k(1 \leqslant k \leqslant n)$，有 $|x_k| \leqslant |x_i|$. 由于 $\boldsymbol{L}(G)(-\boldsymbol{X}) = -\mu(G)\boldsymbol{X}$，我们可以假设 $x_i > 0$.

因为

$$\boldsymbol{L}(G)\boldsymbol{X} = (\boldsymbol{D}-\boldsymbol{A})\boldsymbol{X} = \mu(G)\boldsymbol{X},$$

则有

$$(\mu(G)-d_i)x_i = -\sum_{v_i v_j \in E} x_j \qquad (a)$$

和

$$(\boldsymbol{D}-\boldsymbol{A})^2 \boldsymbol{X} = \mu^2(G)\boldsymbol{X}.$$

又因为

$$(\boldsymbol{D}-\boldsymbol{A})^2 \boldsymbol{X} = \boldsymbol{D}^2\boldsymbol{X} - \boldsymbol{D}\boldsymbol{A}\boldsymbol{X} - \boldsymbol{A}\boldsymbol{D}\boldsymbol{X} + \boldsymbol{A}^2\boldsymbol{X},$$

有

$$\mu^2(G)x_i = d_i^2 x_i - d_i \sum_{v_i v_j \in E} x_j - \sum_{v_i v_j \in E} d_j x_j + \sum_{v_i v_j \in E}\sum_{v_k v_j \in E} x_k. \qquad (b)$$

把公式(a)代入公式(b)，有

$$\begin{aligned}
\mu^2(G)x_i &= d_i^2 x_i + d_i(\mu(G)-d_i)x_i - \sum_{v_i v_j \in E} d_j x_j + \sum_{v_i v_j \in E}\sum_{v_k v_j \in E} x_k \\
&= d_i\mu(G)x_i - \sum_{v_i v_j \in E} d_j x_j + \sum_{\substack{v_i v_j \in E \\ v_k v_i \in E}}\sum_{v_k v_j \in E} x_k
\end{aligned}$$

$$-\sum_{\substack{v_iv_j\in E}}\sum_{\substack{v_kv_j\in E\\v_kv_i\in E}}x_k+\sum_{v_iv_j\in E}\sum_{v_kv_j\in E}x_k$$

$$=d_i\mu(G)x_i-\sum_{v_iv_j\in E}(d_j-|N_i\bigcap N_j|)x_j+\sum_{v_iv_j\in E}\sum_{\substack{v_kv_j\in E\\v_kv_i\in E}}x_k$$

$$\leqslant d_i\mu(G)x_i+2\sum_{v_iv_j\in E}(d_j-|N_i\bigcap N_j|)x_i \qquad (c)$$

$$=d_i\mu(G)x_i+2d_im_i'x_i.$$

因此有

$$\mu^2(G)-d_i\mu(G)-2d_im_i'\leqslant 0.$$

从而有

$$\mu(G)\leqslant\frac{d_i+\sqrt{d_i^2+8d_im_i'}}{2}.$$

假如 G 是一个二分正则图,容易证明式(2-1-11)中的等式成立.下面假设式(2-1-11)中的等式成立,则(c)中的等式也成立,因此一定有:假如 $v_iv_j\in E$,则 $x_j=-x_i$;假如 $d(v_i,v_j)=2$,则 $x_j=x_i$,其中,$d(v_i,v_j)$ 表示点 v_i 和点 v_j 之间的距离.

从而,对图 G 中任意一顶点 v_k,有:假如 $x_k=x_i$ 且 $v_kv_j\in E$ 或者假如 $x_k=-x_i$ 且 $d(v_j,v_k)=2$,则有 $x_j=-x_i$;假如 $x_k=x_i$ 且 $d(v_j,v_k)=2$ 或者假如 $x_k=-x_i$ 且 $v_kv_j\in E$,则有 $x_j=x_i$.

因此,可以将图 G 中的点恰好分成两类 S 和 T,其中,$S=\{v_j\in V:x_j=x_i\}$,$T=\{v_j\in V:x_j=-x_i\}$.则 $V=S\bigcup T$,且由上面的讨论,G 中的任意一条边都不在 S 中或 T 中,这样一来,我们就证明了 G 是一个二分图.

对 G 中任意一点 v_j,由公式(a),有

$$(\mu(G) - d_j)x_j = -\sum_{v_j v_k \in E} x_k = d_j x_j.$$

从而

$$\mu(G) = 2d_j, \quad (j = 1, 2, \cdots, n).$$

因此，G 是一个正则图. 证毕.

举例说明：令 T_1 是一个有 $n = 18$ 个点的树（图 $2-1-1$）.

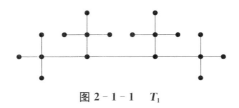

图 $2-1-1$　T_1

对 T_1 而言，它的拉普拉斯谱半径为 $\mu(T_1) \approx 5.764$，上面提到的那些界可见下表：

$2-1-1$	$2-1-2$	$2-1-3$	$2-1-4$	$2-1-5$	$2-1-6$	$2-1-7$	$2-1-8$	$2-1-9$	$2-1-10$	$2-1-11$
7	6.667	9.262	7	6.633	6.667	8.164	6.472	6.449	6.481	6.425

上表说明，我们的界对 T_1 而言，要比上面提到的已知的界好.

为了得到图的拉普拉斯谱半径的更多的界，我们还需要下面的已知结果.

引理 2.1.1[87]　设 $G = (V, E)$ 是一个具有 n 个顶点的连通图，则有

$$\mu(G) \leqslant \lambda_1(\boldsymbol{D}(G) + \boldsymbol{A}(G))$$

等式成立，当且仅当 G 是一个二分图.

令 R 表示全体实数组成的集合，$R^+ = \{x : x \in R, x > 0\}$. 下面我们给出关于图的拉普拉斯谱半径的更多的上界.

定理 2.1.2　设 $G = (V, E)$ 是一个有 n 个顶点的连通图，$b_i \in R^+$ $(1 \leqslant i \leqslant n)$，则有

（1）

$$\mu(G) \leqslant \max\left\{d_i + \frac{1}{b_i}\sum_{v_i v_j \in E} b_j, \ v_i \in V(G)\right\}, \quad (2-1-12)$$

等式成立，当且仅当 G 是一个二分图，且对任意的 i（$1 \leqslant i \leqslant n$），$d_i + \frac{1}{b_i}\sum_{v_i v_j \in E} b_j$ 是一个常数.

（2）

$$\mu(G) \leqslant \max\left\{d_i + \sqrt{\sum_{v_i v_j \in E} \widetilde{b}_j}, \ v_i \in V(G)\right\}, \quad (2-1-13)$$

其中，$\widetilde{b}_i = \frac{1}{b_i^2}\sum_{v_i v_j \in E} b_j^2$，且假如等式成立，则 G 是一个二分图且对任意的 i（$1 \leqslant i \leqslant n$），$d_i + \sqrt{\sum_{v_i v_j \in E} \widetilde{b}_j}$ 是一个常数.

（3）

$$\mu(G) \leqslant \max\left\{\frac{d_i + d_j + \sqrt{(d_i - d_j)^2 + 4b_i' b_j'}}{2}, \ v_i v_j \in E\right\},$$

$$(2-1-14)$$

其中，$b_i' = \frac{1}{b_i}\sum_{v_i v_j \in E} b_j$（$1 \leqslant i \leqslant n$）.

证明 首先证明（1）成立. 设 $\boldsymbol{B} = diag(b_1, b_2, \cdots, b_n)$ 是一个 n 阶的对角矩阵. 考虑矩阵 $\boldsymbol{B}^{-1}(\boldsymbol{D}(G) + \boldsymbol{A}(G))\boldsymbol{B}$，容易得到

$$R_i(\boldsymbol{B}^{-1}(\boldsymbol{D}(G) + \boldsymbol{A}(G))\boldsymbol{B}) = d_i + \frac{1}{b_i}\sum_{v_i v_j \in E} b_j.$$

由引理 2.1.1，有

$$\mu(G) \leqslant \lambda_1(\boldsymbol{D}(G) + \boldsymbol{A}(G)) = \lambda_1(\boldsymbol{B}^{-1}(\boldsymbol{D}(G) + \boldsymbol{A}(G))\boldsymbol{B}).$$

则由定理 1.3.7 和引理 2.1.1，（1）成立.

其次,我们证明(2)成立. 由定理 1.3.8,存在一个 $\boldsymbol{B}^{-1}(\boldsymbol{D}(G)+\boldsymbol{A}(G))\boldsymbol{B}$ 的对应于 $\lambda_1(\boldsymbol{B}^{-1}(\boldsymbol{D}(G)+\boldsymbol{A}(G))\boldsymbol{B})(\triangleq\rho)$ 的正特征向量,设为 $\boldsymbol{X}$. 不妨设存在 $\boldsymbol{X}$ 中的某一元素 x_i 为 1,而其他的元素不超过 1,即 $x_i=1$ 且对任意的 k,$1\leqslant k\leqslant n$ 有 $x_k\leqslant 1$. 进一步,令 $x_j=\max\{x_k:v_iv_k\in E\}$. 由

$$(\boldsymbol{B}^{-1}(\boldsymbol{D}(G)+\boldsymbol{A}(G))\boldsymbol{B})\boldsymbol{X}=\rho\boldsymbol{X} \qquad (*1)$$

和 Cauchy-Schwitz 不等式,我们有

$$\left[(\rho-d_k)x_k\right]^2=\left(\sum_{v_kv_h\in E}\frac{b_h}{b_k}x_h\right)^2\leqslant\sum_{v_kv_h\in E}\frac{b_h^2}{b_k^2}\sum_{v_kv_h\in E}x_h^2=\tilde{b}_k\sum_{v_kv_h\in E}x_h^2.$$

从而有

$$\sum_{k=1}^n(\rho-d_k)^2x_k^2\leqslant\sum_{k=1}^n\tilde{b}_k\sum_{v_kv_h\in E}x_h^2=\sum_{k=1}^n\Big(\sum_{v_kv_h\in E}\tilde{b}_h\Big)x_k^2.$$

则

$$\sum_{k=1}^n\Big[(\rho-d_k)^2-\sum_{v_kv_h\in E}\tilde{b}_h\Big]x_k^2\leqslant 0. \qquad (*2)$$

由此,我们断定存在某一个 k,使得

$$(\rho-d_k)^2-\sum_{v_kv_h\in E}\tilde{b}_h\leqslant 0,$$

从而有 $\rho\leqslant d_k+\sqrt{\sum_{v_kv_h\in E}\tilde{b}_h}$. 因此,式(2-1-13)成立.

假如式(2-1-13)成立,则存在某一个 k,不妨设 $k=1$ 使得 $\rho=d_1+\sqrt{\sum_{v_1v_j\in E}\tilde{b}_j}$. 由($*2$),我们有

$$\sum_{k=2}^n\Big[(\rho-d_k)^2-\sum_{v_kv_h\in E}\tilde{b}_h\Big]x_k^2\leqslant 0.$$

同理,有

$$\rho = d_k + \sqrt{\sum_{v_k v_h \in E} \widetilde{b}_h} \quad (1 \leqslant k \leqslant n).$$

由引理 2.1.1, 得 G 是一个二分图且对任意的 i $(1 \leqslant i \leqslant n)$, $d_k +$

$\sqrt{\displaystyle\sum_{v_k v_h \in E} \widetilde{b}_h}$ 是一个常数. 从而, (2) 成立.

最后, 我们证明 (3) 成立. 由 (∗1), 有

$$\rho - d_i = \frac{1}{b_i} \sum_{v_i v_k \in E} b_k x_k \leqslant \frac{1}{b_i} \sum_{v_i v_k \in E} b_k x_j \tag{∗3}$$

和

$$(\rho - d_j) x_j = \frac{1}{b_j} \sum_{v_j v_k \in E} b_k x_k \leqslant \frac{1}{b_j} \sum_{v_j v_k \in E} b_k. \tag{∗4}$$

由式 (∗3) 和式 (∗4), 有

$$(\rho - d_i)(\rho - d_j) \leqslant \frac{1}{b_i b_j} \sum_{v_i v_k \in E} b_k \sum_{v_j v_k \in E} b_k = b_i' b_j'.$$

从而有

$$\rho \leqslant \frac{d_i + d_j + \sqrt{(d_i - d_j)^2 + 4 b_i' b_j'}}{2}.$$

因此, 式 (2-1-14) 成立. 证毕.

注: 由定理 2.1.2, 我们有如下已知的结果:

(1) 在式 (2-1-14) 中取 $b_i = 1$, 则有式 (∗) 成立;

(2) 在式 (2-1-12) 中取 $b_i = d_i$, 则有式 (∗∗) 成立;

(3) 在式 (2-1-14) 中取 $b_i = d_i$, 则有式 (2-1-6) 成立;

(4) 在式 (2-1-13) 中取 $b_i = 1$, 则有式 (2-1-9) 成立.

更进一步, 由定理 2.1.2, 我们还可以给出图的拉普拉斯谱半径的一个新的比界 (2-1-9) 好的上界.

定理 2.1.3　设 $G = (V, E)$ 是一个连通图,则有

$$\mu(G) \leqslant \max\left\{ d_i + \frac{1}{\sqrt{d_i}} \sum_{v_i v_j \in E} \sqrt{d_j}, \ v_i \in V(G) \right\}, \quad (2\text{-}1\text{-}15)$$

等式成立,当且仅当 G 是一个二分图且对任意的 $i (1 \leqslant i \leqslant n)$,$d_i +$ $\frac{1}{\sqrt{d_i}} \sum_{v_i v_j \in E} \sqrt{d_j}$ 是一个常数.

证明　在式(2-1-12)中取 $b_i = \sqrt{d_i}$,由定理 1.3.7,结论成立.　∎

注:由 Cauchy-Schwitz 不等式,容易证明界(2-1-15)总是比界式 (2-1-9)要好.

举例说明:令 T_1 是上面给定的树(图 2-1-1).下表说明,对 T_1 而言, 界(2-1-15)要比界(2-1-11)好.

(2-1-11)	(2-1-15)
6.425	6.336

在本节的最后,我们将研究二分图的拉普拉斯谱半径和二分图的邻接 矩阵的最大特征值的可达的下界.

在文献[54]中,洪渊和张晓东给出了二分图的拉普拉斯谱半径如下的 两个可达下界.

命题 2.1.1　设 G 是一个具有 n 个顶点的连通二分图且具有度序列 $d_1, d_2, \cdots, d_n$,则有

$$\mu(G) \geqslant 2\sqrt{\frac{1}{n} \sum_{i=1}^{n} d_i^2},$$

等式成立,当且仅当 G 是一个正则连通二分图.

命题 2.1.2　设 G 是一个具有 n 个顶点 m 条边的连通二分图,则有

$$\mu(G) \geqslant 2 + \sqrt{\frac{1}{m} \sum_{\substack{v_i v_j \in E \\ i < j}} (d_i + d_j - 2)^2},$$

等式成立,当且仅当 G 是一个正则连通二分图或 G 是一个准正则连通二分图或 G 是一条具有 4 个顶点的路.

下面,我们给出二分图的拉普拉斯谱半径和二分图的邻接矩阵的最大特征值的新的可达的下界. 我们首先给出如下已知的结论.

引理 2.1.2[14]　设 A 是一个实对称矩阵,且其特征值设为 λ_1,λ_2,$\cdots$,λ_n. 给定一个分割 $\{1, 2, \cdots, n\} = \Delta_1 \bigcup \Delta_2 \bigcup \cdots \bigcup \Delta_m$ 满足 $|\Delta_i| = n_i > 0$. 考虑相应的分块矩阵 $A = (A_{ij})$,其中,A_{ij} 是一个 $n_i \times n_j$ 的块. 令 e_{ij} 是 A_{ij} 中全部元素的和,且设 $B = \left(\dfrac{e_{ij}}{n_i}\right)$ $\left(\text{即} \dfrac{e_{ij}}{n_i} \text{是} A_{ij} \text{的行和的平均值}\right)$. 则有 B 的全部特征值被包含在区间 $[\lambda_n, \lambda_1]$ 中.

定理 2.1.4　设 $G = (V_1, V_2; E)$ 是一个有 n 个顶点和 m 条边的连通二分图,且设 $|V_1| = n_1$,$|V_2| = n_2$,则有

$$\mu(G) \geqslant \frac{mn}{n_1 n_2} \quad \text{和} \quad \lambda_1(A(G)) \geqslant \frac{m}{\sqrt{n_1 n_2}}.$$

且假如 G 是一个完全二分图,则两个等式都成立.

证明　不失一般性,我们可以假设

$$V_1 = \{v_1, v_2, \cdots, v_{n_1}\}, V_2 = \{v_{n_1+1}, v_{n_1+2}, \cdots, v_n\}.$$

则 $L(G)$ 可以被表示成如下形式:

$$L(G) = \begin{bmatrix} D_1 & A_1 \\ A_1^{\mathrm{T}} & D_2 \end{bmatrix},$$

其中,$D_1 = \mathrm{diag}(d(v_1), d(v_2), \cdots, d(v_{n_1}))$,$D_2 = \mathrm{diag}(d(v_{n_1+1})$,$d(v_{n_1+2}), \cdots, d(v_n))$,$A_1$ 是 $L(G)$ 的一个 $n_1 \times n_2$ 主子阵.

容易验证,D_1,D_2 和 A_1 中所有元素的和分别为 m,m 和 $-m$. 这样,由引理 2.1.2,我们可以构造一个矩阵 B,满足

$$B = \begin{pmatrix} \dfrac{m}{n_1} & \dfrac{-m}{n_1} \\[3mm] \dfrac{-m}{n_2} & \dfrac{m}{n_2} \end{pmatrix}.$$

通过简单的计算得 $\lambda_1(B) = \dfrac{mn}{n_1 n_2}$. 由引理 2.1.2, 我们有

$$\mu(G) \geqslant \frac{mn}{n_1 n_2}.$$

考虑 G 的邻接矩阵 $A(G)$, 同理, 我们有

$$\lambda_1(A(G)) \geqslant \frac{m}{\sqrt{n_1 n_2}}.$$

假如 G 是一个完全二分图, 容易证明

$$\mu(G) = \frac{mn}{n_1 n_2} = n \quad \text{和} \quad \lambda_1(A(G)) = \frac{m}{\sqrt{n_1 n_2}} = \sqrt{n_1 n_2}.$$

证毕.

2.2　嫁接运算对图的拉普拉斯谱半径的影响

在本节中, 我们将讨论嫁接运算对图的拉普拉斯谱半径的影响. 首先, 我们给出图的嫁接运算的定义.

设 G 是一个具有 $n \geqslant 2$ 个顶点的连通图, v 是 G 中的一个点. 设 $G_{k,l}$($l \geqslant k \geqslant 1$) 是由 G 通过在点 v 引出两条长分别为 k 和 l 的悬挂路 $P: v(= v_0)v_1 v_2 \cdots v_k$ 和 $Q: v(= v_0)u_1 u_2 \cdots u_l$ 而得到, 其中, u_1, u_2, $\cdots$, u_l 和 v_1, v_2, $\cdots$, v_k 是一些新点. 令 $G_{k-1,l+1} = G_{k,l} - v_{k-1}v_k + u_l v_k$, 则称图 $G_{k-1,l+1}$ 是由图 $G_{k,l}$ 通过一次嫁接运算而得到(图 2 - 2 - 1).

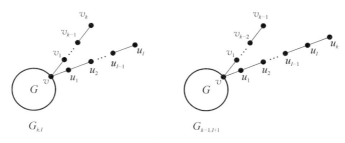

图 2 - 2 - 1

引理 2.2.1[64]　设 u 和 v 是图 G 中相邻接的两个顶点，$d(u) \geqslant 2$，$d(v) \geqslant 2$，由 u 和 v 两个点分别接出一条长为 k 和 m 的路 $P : uu_1u_2\cdots u_k$ 和 $Q : vv_1v_2\cdots v_m(k \geqslant m \geqslant 1)$，得到一个新图，记为 $M_{k,m}$，则有

$$\lambda_1(\boldsymbol{A}(M_{k,m})) > \lambda_1(\boldsymbol{A}(M_{k+1,m-1})).$$

引理 2.2.2[41,72]　设 G 是一个有 $n \geqslant 2$ 个顶点的连通图，则有 $\mu(G) \geqslant \Delta(G) + 1$，其中 $\Delta(G)$ 表示 G 的最大度，且等式成立，当且仅当 $\Delta(G) = n - 1$.

引理 2.2.3　令 $f_1(x) = 1 - x$，$f_i(x) = 2 - x - \dfrac{1}{f_{i-1}(x)}$ $(i \geqslant 2)$，则有

(1) 假如 $x > 2 + \left(2 + \dfrac{2}{9}\sqrt{33}\right)^{\frac{1}{3}} + \left(2 - \dfrac{2}{9}\sqrt{33}\right)^{\frac{1}{3}}$ (< 4.383)，则

$$f_i(x) < \frac{-x}{x-2};$$

(2) 假如 $x \geqslant 4$，则 $|f_i(x)| > |f_{i+1}(x)| > 1$.

证明　为了证明上述结论，对 i 使用数学归纳法. 假如 $i = 1$，则有

$$f_1(x) = 1 - x$$

和

$$f_2(x) = 2 - x - \frac{1}{f_1(x)} = 2 - x + \frac{1}{x-1}.$$

容易证明

$$f_1(x) < \frac{-x}{x-2}$$

和

$$|f_1(x)| > |f_2(x)| > 1 \ (x \geqslant 4).$$

下面假设对 $i \geqslant 1$，结论成立. 由假设 $x > 2 + \left(2 + \frac{2}{9}\sqrt{33}\right)^{\frac{1}{3}} + \left(2 - \frac{2}{9}\sqrt{33}\right)^{\frac{1}{3}}$，则

$$f_{i+1}(x) = 2 - x - \frac{1}{f_i(x)} < 2 - x + \frac{x-2}{x} < \frac{-x}{x-2};$$

假设 $x \geqslant 4$，则

$$|f_{i+2}(x)| - |f_{i+1}(x)| = \frac{1}{|f_i(x)|} - \frac{1}{|f_{i+1}(x)|} < 0.$$

证毕.

引理 2.2.4　设 $G_{k,l}$ 是上面所定义的图且令 $\boldsymbol{X}$ 是 $G_{k,l}$ 的对应于 $\mu(G_{k,l})$ 的单位特征向量，则有

(1) $x_{v_i} = f_{k-i}(\mu)x_{v_{i+1}}$ $(0 \leqslant i \leqslant k-1)$，其中 $f_i(x)$ 是在引理 2.2.3 中所定义的关于 x 的函数，$\mu = \mu(G_{k,l})$.

(2) 对任意固定的 i $(i = 0, 1, \cdots, k-1)$，有 $|x_{v_{i+1}}| \leqslant |x_{v_i}|$ 和 $x_{v_i}x_{v_{i+1}} \leqslant 0$，且任一等式成立当且仅当 $x_{v_0} = 0$.

(3) 假如 $l \geqslant k+2$ 且 $\mu(G_{k,l}) \geqslant 4.383$，则有 $|x_{v_k}| \geqslant |x_{u_{l-1}}|$，等式成立，当且仅当 $x_{v_0} = 0$.

证明　由 $\boldsymbol{L}(G_{k,l})\boldsymbol{X} = \mu(G_{k,l})\boldsymbol{X} \triangleq \mu\boldsymbol{X}$，有

$$(1-\mu)x_{v_k} = x_{v_{k-1}}$$

和

$$(2-\mu)x_{v_i} = x_{v_{i-1}} + x_{v_{i+1}}, \ i = 1, 2, \cdots, k-1.$$

由上述两式,(1)成立.以下,我们证明(2)成立.

因为 $|G| \geqslant 2, l \geqslant k \geqslant 1$,由引理 2.2.2,有 $\mu = \mu(G_{k,l}) \geqslant 4$.因此,由引理 2.2.3,有 $|f_i(\mu)| > |f_{i+1}(\mu)| > 1$.更进一步,由引理 2.2.3 的证明过程,有 $f_i(\mu) < -1 (\mu \geqslant 4)$.因此,由(1),假如 $x_{v_{i+1}} \neq 0$,则有

$$|x_{v_{i+1}}| < |x_{v_i}|, \ x_{v_i} x_{v_{i+1}} < 0, \ i = 0, 1, \cdots, k-1.$$

再由(1),有

$$
\begin{aligned}
x_{v_0} &= f_k(\mu) x_{v_1} \\
&= f_k(\mu) f_{k-1}(\mu) x_{v_2} \\
&\vdots \\
&= f_k(\mu) f_{k-1}(\mu) \cdots f_2(\mu) f_1(\mu) x_{v_k}.
\end{aligned}
\tag{2-2-1}
$$

则有 $x_{v_0} = 0$,当且仅当 $x_{v_1} = x_{v_2} = \cdots = x_{v_k} = 0$.

从而完成了(2)的证明.

最后,我们证明(3)成立.由(1),有

$$
\begin{aligned}
x_{v_0} &= f_l(\mu) x_{u_1} \\
&= f_l(\mu) f_{l-1}(\mu) x_{u_2} \\
&\vdots \\
&= f_l(\mu) f_{l-1}(\mu) \cdots f_2(\mu) f_1(\mu) x_{u_l} \\
&= f_l(\mu) \cdots f_{k+1}(\mu) f_k(\mu) \cdots f_2(\mu) x_{u_{l-1}}.
\end{aligned}
\tag{2-2-2}
$$

因为 $f_l(\mu) = 2 - \mu - \dfrac{1}{f_{l-1}(\mu)}$,由引理 2.2.3,假如 $\mu \geqslant 4.383$,则

$$
\begin{aligned}
f_l(\mu) f_{l-1}(\mu) &= (2-\mu) f_{l-1}(\mu) - 1 \\
&> (2-\mu) \cdot \frac{-\mu}{\mu-2} - 1 \\
&= \mu - 1 \\
&= |f_1(\mu)|.
\end{aligned}
$$

又因为 $f_i(\mu) < \dfrac{-\mu}{\mu-2} < -1$（$i = 1, 2, \cdots, l$）,对 $\mu \geqslant 4.383$,我们有

$$|f_l(\mu)\cdots f_{k+1}(\mu)| > |f_1(\mu)|.$$

这样,由公式（2-2-1）和公式（2-2-2）,（3）成立. ■

下面引理中（1）的证明归功于 R. Grone,R. Merris 和 V. S. Sunder（见文献[40]中的命题 2.2）.

引理 2.2.5　设 $G = (V_1, V_2; E)$ 是有 n 个顶点的连通二分图,且设 $V_1 = \{v_1, v_2, \cdots, v_j\}$,$V_2 = \{v_{j+1}, v_{j+2}, \cdots, v_n\}$. 令 $\boldsymbol{X}$ 是 G 的对应于 $\mu(G)$ 的单位特征向量,则我们有

（1）（[40]）$\boldsymbol{B}(G) = \boldsymbol{D}(G) + \boldsymbol{A}(G)$ 和 $\boldsymbol{D}(G) - \boldsymbol{A}(G) = \boldsymbol{L}(G)$ 是酉相似的,且 G 的拉普拉斯谱半径是一个单根.

（2）$\mathrm{sgn}(x_{v_1}) = \cdots = \mathrm{sgn}(x_{v_j}) = -\mathrm{sgn}(x_{v_{j+1}}) = \cdots = -\mathrm{sgn}(x_{v_n}) \neq 0$,其中,$\mathrm{sgn}(a)$ 表示实数 a 的符号.

（3）$\boldsymbol{B}(G)|\boldsymbol{X}| = (\boldsymbol{D}(G)+\boldsymbol{A}(G))|\boldsymbol{X}| = \lambda_1(\boldsymbol{B}(G))|\boldsymbol{X}| = \mu(G)|\boldsymbol{X}|.$

证明　设 $\boldsymbol{U} = (u_{ij})$ 是一个对角矩阵,满足

$$u_{ii} = \begin{cases} 1, & \text{假若 } 1 \leqslant i \leqslant j, \\ -1, & \text{假若 } j+1 \leqslant i \leqslant n. \end{cases}$$

容易验证

$$\boldsymbol{U}\boldsymbol{A}(G)\boldsymbol{U}^{-1} = -\boldsymbol{A}(G) \text{ 和 } \boldsymbol{U}\boldsymbol{D}(G)\boldsymbol{U}^{-1} = \boldsymbol{D}(G) \text{ 成立.}$$

因此,有 $\boldsymbol{U}\boldsymbol{B}(G)\boldsymbol{U}^{-1} = \boldsymbol{L}(G)$,则 $\boldsymbol{B}(G)$ 和 $\boldsymbol{L}(G)$ 酉相似. 因为 G 是连通的,则矩阵 $\boldsymbol{B}(G)$ 是非负不可约的,由 Perron-Frobenius 定理,存在唯一一个正的单位向量 $\boldsymbol{Y} = (y_1, y_2, \cdots, y_n)^\mathrm{T}$,使得 $\boldsymbol{B}(G)\boldsymbol{Y} = \lambda_1(\boldsymbol{B}(G))\boldsymbol{Y}$. 因为 $\boldsymbol{U}\boldsymbol{B}(G)\boldsymbol{U}^{-1} = \boldsymbol{L}(G)$,我们有

$$L(G)(UY) = U(B(G))U^{-1}(UY)$$
$$= UB(G)Y$$
$$= \lambda_1(B(G))(UY)$$
$$= \mu(G)(UY).$$

又因为 $\lambda_1(B(G)) = \mu(G)$ 是单根,且 X 是 G 的对应于 $\mu(G)$ 的单位特征向量,即 $L(G)X = \mu(G)X$,则有 $UY = \pm X$. 从而(2)和(3)成立. ∎

在文献[94]中,袁西英等证明了假如 G 是一棵至少有两个顶点的树,则

$$\mu(G_{k-1, l+1}) < \mu(G_{k, l}) \ (l \geqslant k \geqslant 1).$$

下面,我们给出一个更一般的结果.

定理 2.2.1 设 G 是有 $n \geqslant 2$ 个顶点的连通图且 $v(\triangleq v_0)$ 是 G 的一个点. 令 $G_{k, l}$ 是在本节开始所定义的图. 假如 $l \geqslant k \geqslant 1$,则

$$\mu(G_{k-1, l+1}) \leqslant \mu(G_{k, l}),$$

等式成立,当且仅当存在一个 $G_{k, l}$ 的对应于 $\mu(G_{k, l})$ 的单位特征向量,使得其对应于点 v 的分量取值为 0.

证明 不失一般性,可以假设

$$V(G_{k, l}) = \{v_0, v_1, v_2, \cdots, v_{k-1}, v_k, u_1,$$
$$u_2, \cdots, u_l, w_1, w_2, \cdots, w_{n-1}\}.$$

下面,我们分如下两种情形讨论.

情形 1 $\mu(G_{k-1, l+1}) \geqslant 4.383$. 设 X 是 $G_{k-1, l+1}$ 的对应于 $\mu(G_{k-1, l+1})$ 的单位特征向量,则有

$$\mu(G_{k, l}) - \mu(G_{k-1, l+1})$$
$$\geqslant X^{\mathrm{T}}L(G_{k, l})X - X^{\mathrm{T}}\mu(G_{k-1, l+1})X$$
$$= (x_{v_{k-1}} - x_{v_k})^2 - (x_{u_l} - x_{v_k})^2.$$

由引理 2.2.4(2)，有 $x_{u_l} x_{v_k} \leqslant 0$，且等式成立，当且仅当 $x_{v_0} = 0$. 这样，我们有

$$\mu(G_{k,l}) - \mu(G_{k-1,l+1}) \geqslant (x_{v_{k-1}} - x_{v_k})^2 - (\mid x_{u_l} \mid + \mid x_{v_k} \mid)^2.$$

假如 $k-1 \geqslant 1$，即 $k \geqslant 2$，由引理 2.2.4(3)，假如 $\mu(G_{k-1,l+1}) \geqslant 4.383$，则有 $\mid x_{v_{k-1}} \mid \geqslant \mid x_{u_l} \mid$，且等式成立，当且仅当 $x_{v_0} = 0$. 以下，我们考虑如下两种子情形：

子情形 1.1 假如 $x_{v_{k-1}} x_{v_k} \leqslant 0$，则有

$$\mu(G_{k,l}) - \mu(G_{k-1,l+1}) \geqslant (\mid x_{v_{k-1}} \mid + \mid x_{v_k} \mid)^2$$
$$- (\mid x_{u_l} \mid + \mid x_{v_k} \mid)^2 \geqslant 0,$$

且若等式成立，则有 $x_{v_0} = 0$.

子情形 1.2 设 $x_{v_{k-1}} x_{v_k} > 0$. 令

$$Z = (x_{v_0}, x_{v_1}, x_{v_2}, \cdots, x_{v_{k-1}}, -x_{v_k}, x_{u_1},$$
$$x_{u_2}, \cdots, x_{u_l}, x_{w_1}, x_{w_2}, \cdots, x_{w_{n-1}})^{\mathrm{T}}.$$

我们有

$$\mu(G_{k,l}) - \mu(G_{k-1,l+1})$$
$$\geqslant Z^{\mathrm{T}} L(G_{k,l}) Z - X^{\mathrm{T}} L(G_{k-1,l+1}) X$$
$$= (x_{v_{k-1}} + x_{v_k})^2 - (x_{u_l} - x_{v_k})^2$$
$$\geqslant 0,$$

且假若等式成立，则 $x_{v_0} = 0$.

这样，由子情形 1.1 和 1.2，有 $\mu(G_{k,l}) \geqslant \mu(G_{k-1,l+1})$，且若等式成立，则 $x_{v_0} = 0$.

假如 $k = 1$，则由引理 2.2.4(2)，有

$$|x_{v_1}| \leqslant |x_{u_l}| \leqslant \cdots \leqslant |x_{u_1}| \leqslant |x_{v_0}|,$$

且等式成立,当且仅当 $x_{v_0} = 0$. 因此,有 $|x_{v_1}| \leqslant |x_{v_0}|$,等式成立,当且仅当 $x_{v_0} = 0$. 类似于子情形 1.1 和 1.2 的证明,我们有 $\mu(G_{1,l}) \geqslant \mu(G_{0,l+1})$,且假如等式成立,则 $x_{v_0} = 0$.

情形 2 假设 $\mu(G_{k-1,l+1}) < 4.383$. 我们考虑如下两种子情形:

子情形 2.1 $k = 1$. 因为 $l \geqslant k$ 和 $n \geqslant 2$,由引理 2.2.2,有 $\mu(G_{k,l}) \geqslant \Delta(G_{k,l}) + 1 \geqslant 4$.

（a）假如 $G_{k-1,l+1} \neq P_{n+k+l}$,则 $G_{k-1,l+1}$ 包含 $P_4 \bigcup (n+k+l-4)K_1$ 作为一个支撑子图,且存在 $G_{k-1,l+1}$ 中的点 u,使得 $d(u) \geqslant 3$. 由引理 2.2.2,有 $\mu(G_{k-1,l+1}) > 4$. 由引理 2.2.4(2),有 $|x_{v_0}| \geqslant |x_{u_l}|$,等式成立,当且仅当 $x_v = 0$. 通过与上面相同的讨论,有 $\mu(G_{k,l}) \geqslant \mu(G_{k-1,l+1})$,且假如 $x_{v_0} = 0$,则等式成立.

（b）假如 $G_{k-1,l+1} = P_{n+k+l}$,因为 $\mu(P_{n+k+l}) < 4$,则有

$$\mu(G_{k,l}) \geqslant 4 > \mu(G_{k-1,l+1}).$$

子情形 2.2 $k \geqslant 2$. 由星图 $K_{1,3}$ 的每一个悬挂点各自引出一条新的悬挂边,得到一个新图,记作 $\widetilde{K}_{1,3}$. 利用 Matlab,容易计算得 $\mu(\widetilde{K}_{1,3}) = 3 + \sqrt{2} > 4.383$. 假如 $G \neq P_2$,则由引理 1.3.1 和引理 2.2.2 以及上面的假设 $k \geqslant 2$,有 $\mu(G_{k,l}) \geqslant \max\{\Delta(G)+1, \mu(\widetilde{K}_{1,3})\} \geqslant 4.414 > 4.383 > \mu(G_{k-1,l+1})$. 以下假设 $G = P_2$,则 $G_{k-1,l+1}$ 是一棵树. 因此,$L(G_{k,l})$（或 $L(G_{k-1,l+1})$）与 $2I_m + A(\ell(G_{k,l}))$（或 $2I_m + A(\ell(G_{k-1,l+1}))$）有相同的非零特征值.

从而有

$$\mu(G_{k-1,l+1}) = 2 + \lambda_1(A(\ell(G_{k-1,l+1})))$$

和

$$\mu(G_{k,l}) = 2 + \lambda_1(\boldsymbol{A}(\ell(G_{k,l}))).$$

因为 $k \geqslant 2$，由引理 2.2.1，我们有

$$\lambda_1(\boldsymbol{A}(\ell(G_{k-1,l+1}))) < \lambda_1(\boldsymbol{A}(\ell(G_{k,l}))).$$

则 $\mu(G_{k,l}) > \mu(G_{k-1,l+1})$。

最后，我们证明本定理的剩余部分。假如 $\mu(G_{k,l}) = \mu(G_{k-1,l+1})$，由上面的讨论，有 $x_{v_0} = 0$。由式（2-2-1），有

$$x_v = 0，当且仅当 x_{v_1} = x_{v_2} = \cdots = x_{v_k} = x_{u_1} = \cdots = x_{u_l} = 0.$$

从而，有 $\boldsymbol{L}(G_{k,l})\boldsymbol{X} = \mu(G_{k,l})\boldsymbol{X}$，即 $\boldsymbol{X}$ 也是一个 $G_{k,l}$ 的对应于 $\mu(G_{k,l})$ 的单位特征向量。必要性成立。

下面，假定存在一个 $G_{k,l}$ 的对应于 $\mu(G_{k,l})$ 的单位特征向量 $\boldsymbol{Y}$ 使得 $y_v = 0$，则有

$$y_{v_1} = y_{v_2} = \cdots = y_{v_k} = y_{u_1} = y_{u_2} = \cdots = y_{u_l} = 0.$$

因此，

$$\boldsymbol{L}(G_{k-1,l+1})\boldsymbol{Y} = \boldsymbol{L}(G_{k,l})\boldsymbol{Y} = \mu(G_{k,l})\boldsymbol{Y}.$$

从而，有 $\mu(G_{k-1,l+1}) \geqslant \mu(G_{k,l})$。又因为 $\mu(G_{k,l}) \geqslant \mu(G_{k-1,l+1})$，我们有 $\mu(G_{k,l}) = \mu(G_{k-1,l+1})$。充分性证毕。 ∎

下面的例子说明定理 2.2.1 中的等式可能成立。

例 2.2.1　由完全图 $K_3: wuvw$ 的每一个点各自引出两条悬挂边，得到一个新图，记作 G_1。设 w_1 和 w_2 是 G_1 的两个悬挂点，且 $ww_1 \in E(G_1)$，$ww_2 \in E(G_1)$。令 $G_2 = G_1 - ww_2 + w_1w_2$。通过 Matlab，容易验证 $\mu(G_1) = \mu(G_2) = 3 + \sqrt{6}$。

特别地，把定理 2.2.1 和引理 2.2.5 相结合，有如下结果。

推论 2.2.1　假如 G 是一个有 $n \geqslant 2$ 个顶点的连通二分图，则有

$$\mu(G_{k,l}) > \mu(G_{k-1,l+1}) \ (l \geqslant k \geqslant 1).$$

推论 2.2.2[83,94] 在具有固定顶点数的树中,路有最小的拉普拉斯谱半径.

2.3 加边运算对图的拉普拉斯谱半径的影响

设 $\boldsymbol{L}_{V_1}(G)$ 是由 $\boldsymbol{L}(G)$ 通过去掉对应于 $V(G)$ 的子集 V_1 的行和列而得到的主子阵. 下面给出本节的主要结果.

定理 2.3.1 设 $H_1 \cong H_2 \cong \cdots \cong H_s (\triangleq H)(s \geqslant 2)$ 是 s 个不交的图, $V(H_i) = \{v_{i1}, v_{i2}, \cdots, v_{ik}\}$ 且对任意的 $1 \leqslant i < j \leqslant s$, $1 \leqslant p$, $q \leqslant k$, $v_{ip}v_{iq} \in E(H_i)$, 当且仅当 $v_{jp}v_{jq} \in E(H_j)$. 设 G 是一个具有顶点 v_1, $v_2, \cdots, v_n$ 的图, G_s 是由 G 和 H_1, $H_2, \cdots, H_s$ 通过在 G 和 $H_i(i = 1, 2, \cdots, s)$ 之间添加新边而得到, 且满足对任意的 $1 \leqslant i < j \leqslant s$ 和 $1 \leqslant t \leqslant k$, $N(v_{it}) \bigcap V(G) = N(v_{jt}) \bigcap V(G)$. 令 $\widetilde{G}(G^*)$ 是由 G_s 在点 v_{1i}, $v_{2i}, \cdots, v_{si}(1 \leqslant i \leqslant k)$ 之间添加任意新边 $\left(\text{分别添加} \dfrac{s(s-1)}{2} \text{ 条新边}\right)$ 而得到, 若 $\mu^* - s \notin Spec\{\boldsymbol{L}_{V(G)}(G_s)\}$, 其中, $\mu^* = \mu(G^*)$, 则有 $\mu(G_s) = \mu(\widetilde{G})$.

证明 由引理 1.3.1, 有 $\mu(G) \leqslant \mu(\widetilde{G}) \leqslant \mu(G^*)$. 以下只需要证明 $\mu(G) \geqslant \mu(G^*)$. 令 $|N(v_{it}) \bigcap V(G)| = d_t(t = 1, 2, \cdots, k)$, G_0 是由图 G_s 通过去掉点 v_{i1}, $v_{i2}, \cdots, v_{ik}(i = 1, 2, \cdots, s)$ 之间的全部边而得到. 对 G_s 中的点给一个适当的标号, 我们可以假设 $\boldsymbol{L}(G_0)$ 有如下形状:

$$\boldsymbol{L}(G_0) = \begin{pmatrix} d_1\boldsymbol{I}_s & \cdots & 0 & \alpha_{11} & \cdots & \alpha_{1n} \\ \vdots & \ddots & \vdots & \vdots & \ddots & \vdots \\ 0 & \cdots & d_k\boldsymbol{I}_s & \alpha_{k1} & \cdots & \alpha_{kn} \\ \alpha_{11}^{\mathrm{T}} & \cdots & \alpha_{k1}^{\mathrm{T}} & & & \\ \vdots & \ddots & \vdots & & \boldsymbol{L}_{V_1}(G_s) & \\ \alpha_{1n}^{\mathrm{T}} & \cdots & \alpha_{kn}^{\mathrm{T}} & & & \end{pmatrix}.$$

其中，$\alpha_{pq} = c_{pq}e_s$（假如 $v_{p1}(1 \leqslant p \leqslant k)$ 与 $v_q(1 \leqslant q \leqslant n)$ 相邻接，则 $c_{pq} = -1$；否则，$c_{pq} = 0$），$V_1 = \bigcup\limits_{i=1}^{s} V(H_i)$.

令 $\boldsymbol{C} = (c_{pq})_{k \times n}$. 由定理 1.3.10(1)，有

$$
\boldsymbol{L}(G_s) = \boldsymbol{L}(G_0) + \begin{bmatrix} \boldsymbol{L}(H) \otimes \boldsymbol{I}_s & \boldsymbol{O}_{ks \times n} \\ \boldsymbol{O}_{n \times ks} & \boldsymbol{O}_{n \times n} \end{bmatrix}
$$

$$
= \begin{bmatrix} (\boldsymbol{D} + \boldsymbol{L}(H)) \otimes \boldsymbol{I}_s & \boldsymbol{C} \otimes e_s \\ (\boldsymbol{C} \otimes e_s)^T & \boldsymbol{L}_{V_1}(G_s) \end{bmatrix}, \qquad (2-3-1)
$$

其中，$\boldsymbol{O}_{m \times n}$ 表示一个 $m \times n$ 阶的全零矩阵，$\boldsymbol{D} = \mathrm{diag}(d_1, d_2, \cdots, d_k)$.

进一步有

$$
\boldsymbol{L}(G^*) = \boldsymbol{L}(G_s) + \begin{bmatrix} \boldsymbol{I}_k \otimes \boldsymbol{L}(K_s) & \boldsymbol{O}_{ks \times n} \\ \boldsymbol{O}_{n \times ks} & \boldsymbol{O}_{n \times n} \end{bmatrix}.
$$

注意到 $\boldsymbol{I}_k \otimes \boldsymbol{L}(K_s) = s\boldsymbol{I}_k \otimes \boldsymbol{I}_s - \boldsymbol{I}_k \otimes \boldsymbol{J}_s$. 由定理 1.3.10 的 (1) 和公式 $(2-3-1)$，有

$$
\boldsymbol{L}(G^*) = \begin{bmatrix} (\boldsymbol{D} + \boldsymbol{L}(H)) \otimes \boldsymbol{I}_s & \boldsymbol{C} \otimes e_s \\ (\boldsymbol{C} \otimes e_s)^T & \boldsymbol{L}_{V_1}(G_s) \end{bmatrix} + \begin{bmatrix} \boldsymbol{I}_k \otimes \boldsymbol{L}(K_s) & \boldsymbol{O}_{ks \times n} \\ \boldsymbol{O}_{n \times ks} & \boldsymbol{O}_{n \times n} \end{bmatrix}
$$

$$
= \begin{bmatrix} (\boldsymbol{D} + \boldsymbol{L}(H) + s\boldsymbol{I}_k) \otimes \boldsymbol{I}_s & \boldsymbol{C} \otimes e_s \\ (\boldsymbol{C} \otimes e_s)^T & \boldsymbol{L}_{V_1}(G_s) \end{bmatrix} - \begin{bmatrix} \boldsymbol{I}_k \otimes \boldsymbol{J}_s & \boldsymbol{O}_{ks \times n} \\ \boldsymbol{O}_{n \times ks} & \boldsymbol{O}_{n \times n} \end{bmatrix}
$$

设 $\boldsymbol{X}^T = (y_1^T, y_2^T, \cdots, y_k^T; a_1, a_2, \cdots, a_n)$ 是 G^* 的对应于 μ^* 的单位特征向量，则有 $\boldsymbol{L}(G^*)\boldsymbol{X} = \mu^* \boldsymbol{X}$.

从而，我们有

$$\left((\boldsymbol{D}+\boldsymbol{L}(H)+s\boldsymbol{I}_k)\otimes \boldsymbol{I}_s \quad \boldsymbol{C}\otimes e_s\right)\begin{pmatrix} y_1 \\ \vdots \\ y_k \\ a_1 \\ \vdots \\ a_n \end{pmatrix} - (\boldsymbol{I}_k\otimes \boldsymbol{J}_s)\begin{pmatrix} y_1 \\ \vdots \\ y_k \end{pmatrix} = \mu^*\begin{pmatrix} y_1 \\ \vdots \\ y_k \end{pmatrix}.$$

由定理 1.3.10 的(2),有

$$-(\boldsymbol{C}\otimes e_s)\begin{pmatrix} a_1 \\ a_2 \\ \vdots \\ a_n \end{pmatrix} = -(\boldsymbol{C}\otimes e_s)\left(\begin{pmatrix} a_1 \\ a_2 \\ \vdots \\ a_n \end{pmatrix}\otimes e_1\right) = -\left(\boldsymbol{C}\begin{pmatrix} a_1 \\ a_2 \\ \vdots \\ a_n \end{pmatrix}\right)\otimes e_s.$$

$$(2-3-2)$$

因此,由定理 1.3.10 的(1)和公式(2-3-2),有

$$\left((\boldsymbol{D}+\boldsymbol{L}(H)+(s-\mu^*)\boldsymbol{I}_k)\otimes \boldsymbol{I}_s\right)\begin{pmatrix} y_1 \\ \vdots \\ y_k \end{pmatrix}$$

$$= \begin{pmatrix} b_1 \\ \vdots \\ b_k \end{pmatrix}\otimes e_s - \left(\boldsymbol{C}\begin{pmatrix} a_1 \\ \vdots \\ a_n \end{pmatrix}\right)\otimes e_s$$

$$\triangleq \begin{pmatrix} f_1 \\ \vdots \\ f_k \end{pmatrix}\otimes e_s, \qquad\qquad (2-3-3)$$

其中,b_i 表示 $y_i(i=1,2,\cdots,k)$ 中所有元素的和.

令 $\boldsymbol{M} = \boldsymbol{D} + \boldsymbol{L}(H) + (s - \mu^*)\boldsymbol{I}_k$. 注意到

$$\boldsymbol{L}_{V(G)}(G_s) = (\boldsymbol{D} + \boldsymbol{L}(H_1)) \oplus (\boldsymbol{D} + \boldsymbol{L}(H_2)) \oplus \cdots \oplus (\boldsymbol{D} + \boldsymbol{L}(H_k)).$$

因此，假如 $\lambda \notin Spec(\boldsymbol{L}_{V(G)}(G_s))$，则 $\lambda \notin Spec(\boldsymbol{D} + \boldsymbol{L}(H))$. 从而，$\boldsymbol{M}$ 是可逆的.

由公式(2-3-3)和定理 1.3.11，有

$$\begin{pmatrix} y_1 \\ y_2 \\ \vdots \\ y_k \end{pmatrix} = (\boldsymbol{M}^{-1} \otimes \boldsymbol{I}_s)\left(\begin{pmatrix} f_1 \\ f_2 \\ \vdots \\ f_k \end{pmatrix} \otimes e_s \right)$$

由定理 1.3.10 的(2)，有

$$\begin{pmatrix} y_1 \\ y_2 \\ \vdots \\ y_k \end{pmatrix} = \left(\boldsymbol{M}^{-1} \begin{pmatrix} f_1 \\ f_2 \\ \vdots \\ f_k \end{pmatrix} \right) \otimes e_s.$$

则 $y_i = c_i e_s (i = 1, 2, \cdots, k)$，其中，$c_i (i = 1, 2, \cdots, k)$ 是一个常数. 从而有

$$\mu(G_s) = \max_{Ye_n = 1} \boldsymbol{Y}^{\mathrm{T}} \boldsymbol{L}(G_s)\boldsymbol{Y} \geqslant \boldsymbol{X}^{\mathrm{T}} \boldsymbol{L}(G_s)\boldsymbol{X} = \boldsymbol{X}^{\mathrm{T}} \boldsymbol{L}(G^*)\boldsymbol{X} = \mu^*.$$

证毕.

推论 2.3.1　设 $H_1, H_2, \cdots, H_s; G, G_s, \widetilde{G}, G^*$ 是在定理 2.3.1 中所定义的图. 假如 $\Delta(G^*) \geqslant s - 1 + \lambda_1(\boldsymbol{L}_{V(G)}(G_s))$，则有 $\mu(G_s) = \mu(\widetilde{G})$.

证明　我们分如下两种情形来证明.

情形 1　假如 $\Delta(G^*) > s - 1 + \lambda_1(\boldsymbol{L}_{V(G)}(G_s))$，则由引理 2.2.2，有 $\mu^* \geqslant \Delta(G^*) + 1 > s + \lambda_1(\boldsymbol{L}_{V(G)}(G_s))$. 由定理 2.3.1，结论成立.

情形 2 $\Delta(G^*) = s - 1 + \lambda_1(\boldsymbol{L}_{V(G)}(G_s))$. 由引理 2.2.2, 只需要考虑如下两种子情形:

子情形 2.1 假如 $\mu^* > \Delta(G^*) + 1$, 由定理 2.3.1, 结论成立.

子情形 2.2 假如 $\mu^* = \Delta(G^*) + 1$, 则由引理 2.2.2, G^* 包含星图 $K_{1, n+ks-1}$ 作为支撑子图. 假如 $k \geqslant 2$, 则我们可以断定 G 包含星图 $K_{1, n+ks-1}$ 作为支撑子图, 结论成立; 假如 $k = 1$, 我们可以断定要么 G 包含星图 $K_{1, n+ks-1}$ 作为支撑子图, 要么 G 包含完全二分图 $K_{s, n+ks-s}$ 作为支撑子图, 结论成立. ■

由推论 2.3.1, 显然有如下两个结果.

推论 2.3.2 设 G 是一个有 n 个顶点的图, $v_1, \cdots, v_s(s \geqslant 2)$ 是 G 中的 s 个顶点, $G[v_1, v_2, \cdots, v_s] = sK_1$ 且 $N(v_1) = N(v_2) = \cdots = N(v_s)$, 其中, $G[v_1, v_2, \cdots, v_s]$ 表示由点 $v_1, \cdots, v_s(s \geqslant 2)$ 所诱导产生的 G 的诱导子图. 在点 $v_1, v_2, \cdots, v_s$ 上任意添加 $t\left(0 \leqslant t \leqslant \dfrac{s(s-1)}{2}\right)$ 条边, 得到一个新图, 记为 G', 则有 $\mu(G) = \mu(G')$.

推论 2.3.3 设 v 是连通图 G 中的一个点, 由点 v 引出 $s(s \geqslant 2)$ 具有相同长度(设为 $k \geqslant 1$)的新路 $P_i : vv_{ik}v_{i(k-1)} \cdots v_{i1}(i = 1, 2, \cdots, s; k \geqslant 1)$, 从而得到一个新图, 记作 G_s^k. 令 $G_{s; t_1, t_2, \cdots, t_k}^k$ 是由图 G_s^k 通过在点 $v_{1i}, v_{2i}, \cdots, v_{si}(1 \leqslant i \leqslant k)$ 之间分别添加 $t_i\left(0 \leqslant t_i \leqslant \dfrac{s(s-1)}{2}, 1 \leqslant i \leqslant k\right)$ 边而得到的新图. 假如 $\Delta(G_s^k) \geqslant s + 3$, 则我们有

$$\mu(G_{s; t_1, \cdots, t_k}^k) = \mu(G_s^k).$$

与定理 2.3.1 的证明类似, 我们有

推论 2.3.4 设 G_s^k 是在推论 2.3.3 中所定义的图, $G_{s; t_1}^k$ 是由图 G_s^k 通过在点 $v_{11}, v_{21}, \cdots, v_{s1}$ 之间添加 $t_1\left(0 \leqslant t_1 \leqslant \dfrac{s(s-1)}{2}\right)$ 条新边而得到. 假如

$\Delta(G_s^k)\geqslant s+1$,则有 $\mu(G_s^k)=\mu(G_{s;\,t_1}^k)$.

推论 2.3.5　设 G_s^k 和 $G_{s;\,t_1}^k$ 分别是在推论 2.3.3 和推论 2.3.4 中所定义的图,则有 $\mu(G_2^k)=\mu(G_{2;\,1}^k)$.

证明　假如 $\Delta(G_2^k)\geqslant 3$,由推论 2.3.4,结论显然成立.假如 $\Delta(G_2^k)=2$,则 $G_2^k\cong P_{2k+1}$.因此,$G_{2;\,1}^k\cong C_{2k+1}$.众所周知,$\mu(P_{2k+1})=\mu(C_{2k+1})$.证毕.

2.4　剖分运算对图的拉普拉斯谱半径的影响

设 $e=uv$ 是图 G 的任一条边,在 $G\backslash uv$ 中添加一个新点 w 及新边 uw 和 vw,则称 G 在边 e 被剖分(一次).

引理 2.4.1[15]　设 M 是一个非负不可约的实对称矩阵.假如存在一个正的列向量 Y 和一个正实数 r 使得 $MY\leqslant rY$ 且 $MY\neq rY$,则 $\lambda_1(M)<r$.

设 $v_1,v_2,\cdots,v_k$ 是图 G 中的 $k(\geqslant 2)$ 个点且满足如下条件:

(1) $v_1,v_2,\cdots,v_k$ 是互不相同的点(除了 $v_1=v_k$ 外);

(2) v_i 与 v_{i+1} 相邻接,$(i=1,2,\cdots,k-1)$;

(3) 点 v_i 的度满足 $d(v_1)\geqslant 3$,$d(v_2)=\cdots=d(v_{k-1})=2$(除非 $k=2$) 和 $d(v_k)\geqslant 3$,则称 $v_1v_2\cdots v_k$ 是图 G 的一条内路.

在路 P_{n-4} 的两个悬挂点各引出两条悬挂边,得到一个具有 n 个顶点的树,记为 W_n.在[51]中,Hoffman 等人证明了如下结果:

假如 $G\neq W_n$,uv 是连通图 G 的内路上的一条边,令 G_{uv} 是由图 G 通过剖分边 uv 一次而得到的新图,则有 $\lambda_1(A(G_{uv}))<\lambda_1(A(G))$.

对图的拉普拉斯谱半径,我们有如下类似的结果.

定理 2.4.1　设 $P:v_1v_2\cdots v_k(k\geqslant 2)$ 是连通二分图 G 的一条内路,G' 是由 G 通过剖分 P 的某一条边而得到,则有 $\mu(G')<\mu(G)$.

证明 因为 G 是一个二分图,由定理 1.3.4,有

$$\mu(G) = \lambda_1(\boldsymbol{D}(G) + \boldsymbol{A}(G)). \qquad (2-4-1)$$

由定理 1.3.6,有

$$\mu(G') \leqslant \lambda_1(\boldsymbol{D}(G') + \boldsymbol{A}(G')). \qquad (2-4-2)$$

这样,由式(2-4-1)和式(2-4-2),我们只需要证明

$$\lambda_1(\boldsymbol{D}(G') + \boldsymbol{A}(G')) < \lambda_1(\boldsymbol{D}(G) + \boldsymbol{A}(G)) = \mu(G).$$

设 $\boldsymbol{X}$ 是一个 $\boldsymbol{D}(G) + \boldsymbol{A}(G)$ 的对应于 $\lambda_1(\boldsymbol{D}(G) + \boldsymbol{A}(G))$ 的特征向量. 由 Perron-Frobenius 定理,必有 $\boldsymbol{X} > 0$. 不失一般性,可以假设 $x_1 \geqslant x_k$. 取

$$s = \max_{2 \leqslant i \leqslant k}\{i \mid x_j \geqslant x_i, 2 \leqslant j \leqslant k\}.$$

设 G^* 是由 G 通过剖分边 $e = v_{s-1}v_s$ 而得到,并且设添加的新点为 v_{n+1}. 显然有 $G^* \cong G'$. 令 $\boldsymbol{Y}$ 是对应于 G^* 的 $n+1$ 维列向量,满足:

$$y_{n+1} = x_s,\ y_i = x_i(1 \leqslant i \leqslant n).$$

令 $\boldsymbol{B} = \boldsymbol{D}(G^*) + \boldsymbol{A}(G^*)$. 容易证明

$$(\boldsymbol{BY})_i = (\mu(G)\boldsymbol{Y})_i,\ i \neq s,\ n+1, \qquad (2-4-3)$$

$$(\boldsymbol{BY})_s = d_s x_s + x_s + \sum_{\substack{v_i v_s \in E(G) \\ i \neq s-1}} x_i, \qquad (2-4-4)$$

$$(\mu(G)\boldsymbol{Y})_s = \mu(G)x_s = d_s x_s + x_{s-1} + \sum_{\substack{v_i v_s \in E(G) \\ i \neq s-1}} x_i, \qquad (2-4-5)$$

$$(\boldsymbol{BY})_{n+1} = 2x_s + x_s + x_{s-1} = 3x_s + x_{s-1}, \qquad (2-4-6)$$

$$(\mu(G)\boldsymbol{Y})_{n+1} = \mu(G)x_s = d_s x_s + x_{s-1} + \sum_{\substack{v_i v_s \in E(G) \\ i \neq s-1}} x_i. \qquad (2-4-7)$$

因为 $x_{s-1} \geqslant x_s$，由公式（2-4-4）和公式（2-4-5），有 $(\boldsymbol{BY})_s \leqslant (\mu(G)\boldsymbol{Y})_s$. 假如 $s=k$，则 $d_s=d_k \geqslant 3$. 又因为 $\sum\limits_{\substack{v_iv_s \in E(G)\\ i \neq s-1}} x_i > 0$，由公式（2-4-6）和公式（2-4-7），则有 $(\boldsymbol{BY})_{n+1} < (\mu(G)\boldsymbol{Y})_{n+1}$；假如 $s<k$，则 $(\mu(G)\boldsymbol{Y})_{n+1} = 2x_s+x_{s-1}+x_{s+1}$. 因为 $x_s < x_{s+1}$，由公式（2-4-6）和公式（2-4-7），有 $(\boldsymbol{BY})_{n+1} < (\mu(G)\boldsymbol{Y})_{n+1}$. 从而，由公式（2-4-3）以及上述讨论，有

$$\boldsymbol{BY} \leqslant \mu(G)\boldsymbol{Y}, \boldsymbol{BY} \neq \mu(G)\boldsymbol{Y}.$$

由引理 2.4.1，我们有

$$\rho(\boldsymbol{D}(G')+\boldsymbol{A}(G')) = \rho(\boldsymbol{D}(G^*)+\boldsymbol{A}(G^*)) < \mu(G).$$

证毕.

与定理 2.4.1 的证明类似，我们有

定理 2.4.2　设 G 是一个连通二分图，uv 是 G 的内路上的一条边，令 $G_{2k+1}(k \geqslant 1)$ 是由 G 通过剖分边 $uv2k$ 次而得到的新图，则有

$$\mu(G) > \mu(G_{2k+1}) > \mu(G_{2k+3}).$$

下面的例子说明定理 2.4.1 中的条件："G 是一个二分图"是必须的.

例 2.4.1　设

$$C_{2k+1}: v_1v_2 \cdots v_k v v_{k+1} \cdots v_{2k}v_1$$

是一个长为 $2k+1$ 的圈，T 是一棵树. 把 C_{2k+1} 中的点 v 和 T 中的某一点合并为一个新点，其他的邻接关系不变，得到一个新图，设为 G. 令 $G_1=G-v_1v_{2k}$，则由推论 2.3.5，我们有

$$\mu(G) = \mu(G-v_1v_{2k}) = \mu(G_1). \tag{2-4-8}$$

令 $G_2=G_1+v_1w$，其中 w 是一个新的孤立点. 由推论 1.3.2，我们有

$$\mu(G_1) < \mu(G_2). \tag{2-4-9}$$

令 $G_3 = G_2 + wv_{2k}$. 由引理 1.3.1,我们有

$$\mu(G_2) \leqslant \mu(G_3). \qquad (2-4-10)$$

显然,G_3 是由 G 通过剖分边 $v_1 v_{2k}$ 而得到. 然而,由公式(2-4-8)—公式(2-4-10),我们有 $\mu(G_3) > \mu(G)$.

2.5 移边运算对图的拉普拉斯谱半径的影响

在本节中,我们考虑把悬挂路从一点移到另一点时,图的拉普拉斯谱半径的变化情况.

定理 2.5.1 设 u, v 是连通图 G 的两个不同点,G_t 是由 G 在点 v 引出 t 条新的悬挂路 $vv_{i1}v_{i2}\cdots v_{iq_i} (i = 1, 2, \cdots, t)$ 而得到的新图. 令 X 是 G_t 的对应于 $\mu(G_t) \geqslant 4$ 的单位特征向量. 设

$$G_u = G_t - vv_{11} - vv_{21} - \cdots - vv_{t1} + uv_{11} + uv_{21} + \cdots + uv_{t1}.$$

假如 $|x_u| \geqslant |x_v|$,则 $\mu(G_u) \geqslant \mu(G_t)$. 进一步,假如 $|x_u| > |x_v|$,则 $\mu(G_u) > \mu(G_t)$.

证明 假如 $x_v = 0$,由引理 2.2.4,我们有 $x_{ij} = 0 \ (1 \leqslant i \leqslant t, 1 \leqslant j \leqslant q_i)$. 从而有

$$\mu(G_u) - \mu(G_t) \geqslant X^T L(G_u) X - X^T L(G_t) X = t x_u^2.$$

结论成立. 以下,假设 $x_v \neq 0$. 不失一般性,我们分如下两种情形.

情形 1 假设 $x_u x_v > 0$. 由引理 2.2.4,我们有 $x_v x_{j1} < 0$ 和 $x_u x_{j1} < 0 \ (j = 1, 2, \cdots, t)$. 从而有

$$\mu(G_u) - \mu(G_t) \geqslant \boldsymbol{X}^{\mathrm{T}} \boldsymbol{L}(G_u) \boldsymbol{X} - \boldsymbol{X}^{\mathrm{T}} \boldsymbol{L}(G_t) \boldsymbol{X}$$

$$= \sum_{j=1}^{t} (x_u - x_{j1})^2 - \sum_{j=1}^{t} (x_v - x_{j1})^2$$

$$= \sum_{j=1}^{t} (\mid x_u \mid + \mid x_{j1} \mid)^2 - \sum_{j=1}^{t} (\mid x_v \mid + \mid x_{j1} \mid)^2$$

$$\geqslant 0.$$

因此，我们有 $\mu(G_u) \geqslant \mu(G_t)$ 且假如 $\mid x_u \mid > \mid x_v \mid$ 时，有 $\mu(G_u) > \mu(G_t)$.

情形 2　假如 $x_u x_v < 0$，则取对应于 G_u 的一个赋值 Z，满足

$$z_{ij} = -x_{ij} (1 \leqslant i \leqslant t; \ 1 \leqslant j \leqslant q_i); \ z_w = x_w，其他情况.$$

由引理 2.2.4，有 $x_v x_{j1} < 0$ 和 $x_u x_{j1} > 0$ $(j = 1, 2, \cdots, t)$. 从而有

$$\mu(G_u) - \mu(G_t) \geqslant \boldsymbol{Z}^{\mathrm{T}} \boldsymbol{L}(G_u) \boldsymbol{Z} - \boldsymbol{X}^{\mathrm{T}} \boldsymbol{L}(G_t) \boldsymbol{X}$$

$$= \sum_{j=1}^{t} (x_u - z_{j1})^2 - \sum_{j=1}^{t} (x_v - x_{j1})^2$$

$$= \sum_{j=1}^{t} (\mid x_u \mid + \mid x_{j1} \mid)^2 - \sum_{j=1}^{t} (\mid x_v \mid + \mid x_{j1} \mid) \mid^2$$

$$\geqslant 0.$$

这样，我们有 $\mu(G_u) \geqslant \mu(G_t)$ 且假如 $\mid x_u \mid > \mid x_v \mid$ 时，有 $\mu(G_u) > \mu(G_t)$. 证毕.

定理 2.5.2　设 G 是一个有 $n \geqslant 2$ 个顶点的连通图，uv 是一条悬挂边，v 是悬挂点. 设 $G_1, G_2, \cdots, G_k (k \geqslant 1)$ 是 k 个点不交的连通图，v_i 是 $G_i (i = 1, 2, \cdots, k)$ 中的点. 令 G' 是由图 $G, G_1, G_2, \cdots, G_k$ 通过添加 k 条新边 $vv_1, vv_2, \cdots, vv_k$ 而得到的新图. 设

$$G^* = G' - vv_1 - vv_2 - \cdots - vv_k + uv_1 + uv_2 + \cdots + uv_k,$$

则有

(1) 假如 $n=2$，则 $\mu(G^*) = \mu(G')$；

(2) 假如 $n \geqslant 3$，则 $\mu(G^*) \geqslant \mu(G')$，等式成立，当且仅当 $\mu(G^*) = \mu(G)$；或者存在某一个 i $(1 \leqslant i \leqslant k)$，使得 $\mu(G^*) = \mu(G_i)$.

证明 假如 $n=2$，则 $G' \cong G^*$，结论显然成立. 以下假定 $n \geqslant 3$，则 $d_G(u) \geqslant 2$. 由引理 1.4.2，有

$$\Phi(G') = \Phi(G)\prod_{i=1}^{k}(\Phi(G_i) - \Phi(\boldsymbol{L}_{v_i}(G_i)))$$
$$- \Phi(\boldsymbol{L}_v(G))\sum_{i=1}^{k}\Phi(G_i)\prod_{\substack{j=1\\j\neq i}}^{k}(\Phi(G_j) - \Phi(\boldsymbol{L}_{v_j}(G_j)))$$

和

$$\Phi(G^*) = \Phi(G)\prod_{i=1}^{k}(\Phi(G_i) - \Phi(\boldsymbol{L}_{v_i}(G_i)))$$
$$- \Phi(\boldsymbol{L}_u(G))\sum_{i=1}^{k}\Phi(G_i)\prod_{\substack{j=1\\j\neq i}}^{k}(\Phi(G_j) - \Phi(\boldsymbol{L}_{v_j}(G_j)))$$

$$(2-5-1).$$

由上述两式，有

$$\Phi(G') - \Phi(G^*)$$
$$= (\Phi(\boldsymbol{L}_u(G)) - \Phi(\boldsymbol{L}_v(G)))\sum_{i=1}^{k}\Phi(G_i)\prod_{\substack{j=1\\j\neq i}}^{k}(\Phi(G_j) - \Phi(\boldsymbol{L}_{v_j}(G_j)))$$
$$= ((x-1)\Phi(\boldsymbol{L}_{uv}(G)) - \Phi(G-v) + \Phi(\boldsymbol{L}_{uv}(G)))$$
$$\cdot \sum_{i=1}^{k}\Phi(G_i)\prod_{\substack{j=1\\j\neq i}}^{k}(\Phi(G_j) - \Phi(\boldsymbol{L}_{v_j}(G_j)))$$
$$= (x\Phi(\boldsymbol{L}_{uv}(G)) - \Phi(G-v))\sum_{i=1}^{k}\Phi(G_i)\prod_{\substack{j=1\\j\neq i}}^{k}(\Phi(G_j) - \Phi(\boldsymbol{L}_{v_j}(G_j)))$$

$$(2-5-2)$$

$$= (x\Phi(\boldsymbol{L}_{uv}(G)) - \Phi(G-v)) \sum_{i=1}^{k} \Phi(G_i) \prod_{\substack{j=1 \\ j \neq i}}^{k} \Phi(L_v(G_j v_j : v)),$$

$$(2-5-3)$$

其中，$G_j v_j : v$ 是由 G_j 通过在点 v_j 引出一条新的悬挂边 $v_j v$ 而得到；$\boldsymbol{L}_{uv}(G)$ 是由 $\boldsymbol{L}(G)$ 通过去掉对应于点 u 和 v 的行和列后而得到的主子阵.

容易验证 $\boldsymbol{L}_{uv}(G)$ 是 $\boldsymbol{L}(G-v)$ 的真主子阵. 由引理 1.3.5，有

$$\mu_i(G-v) \geqslant \lambda_i(\boldsymbol{L}_{uv}(G)) \geqslant \mu_{i+1}(G-v)\ (1 \leqslant i \leqslant n-2). \quad (2-5-4)$$

注意到

$$\sum_{i=1}^{n-2} \mu_i(G-v) - \sum_{i=1}^{n-2} \lambda_i(\boldsymbol{L}_{uv}(G)) = d_G(u) - 1 > 0.$$

我们断定存在某一个 $i(1 \leqslant i \leqslant n-2)$，使得

$$\mu_i(G-v) > \lambda_i(\boldsymbol{L}_{uv}(G)). \quad (2-5-5)$$

由公式 $(2-5-3)$ 和公式 $(2-5-4)$，假如 $x \geqslant \mu(G^*)$，则有 $\Phi(G') - \Phi(G^*) \geqslant 0.$ 从而有 $\mu(G^*) \geqslant \mu(G').$

若 $\mu(G^*) = \mu(G)$，由引理 1.3.1 和上述所得结果，我们有

$$\mu(G) \leqslant \mu(G') \leqslant \mu(G^*) = \mu(G).$$

从而有 $\mu(G^*) = \mu(G')$；同理可证，若存在某一个 $i\ (1 \leqslant i \leqslant k)$，使得 $\mu(G^*) = \mu(G_i)$，则有 $\mu(G^*) = \mu(G').$

若 $\mu(G^*) = \mu(G')$，则有 $\Phi(G'; \mu(G^*)) - \Phi(G^*; \mu(G^*)) = 0.$ 由公式 $(2-5-2)$，有

$$\mu(G^*)\Phi(\boldsymbol{L}_{uv}(G); \mu(G^*)) - \Phi(G-v; \mu(G^*)) = 0$$

或

$$\sum_{i=1}^{k}\Phi(G_i;\mu(G^*))\prod_{\substack{j=1\\j\neq i}}^{k}(\Phi(G_j;\mu(G^*))-\Phi(\boldsymbol{L}_{v_j}(G_j);\mu(G^*)))=0.$$

若

$$\mu(G^*)\Phi(\boldsymbol{L}_{uv}(G);\mu(G^*))-\Phi(G-v;\mu(G^*))=0,$$

由公式(2-5-5)和引理1.3.1,有

$$\mu(G-v)\leqslant\mu(G)\leqslant\mu(G^*)=\mu(G-v).$$

从而有 $\mu(G^*)=\mu(G)$.

若

$$\sum_{i=1}^{k}\Phi(G_i;\mu(G^*))\prod_{\substack{j=1\\j\neq i}}^{k}(\Phi(G_j;\mu(G^*))-\Phi(\boldsymbol{L}_{v_j}(G_j);\mu(G^*)))=0.$$

由公式(2-5-1),有

$$\Phi(G;\mu(G^*))\prod_{i=1}^{k}(\Phi(G_i;\mu(G^*))-\Phi(\boldsymbol{L}_{v_i}(G_i);\mu(G^*)))=0.$$

若 $\Phi(G;\mu(G^*))=0$,则显然有 $\mu(G^*)=\mu(G)$. 下面假设

$$\prod_{i=1}^{k}(\Phi(G_i;\mu(G^*))-\Phi(\boldsymbol{L}_{v_i}(G_i);\mu(G^*)))=0.$$

则总存在某一个 $i\,(1\leqslant i\leqslant k)$,使得

$$\Phi(G_i;\mu(G^*))-\Phi(\boldsymbol{L}_{v_i}(G_i);\mu(G^*))=0,$$

即

$$\Phi(\boldsymbol{L}_v(G_iv_i;v);\mu(G^*))=0.$$

从而有

$$\mu(G^*)=\lambda_1(\boldsymbol{L}_v(G_iv_i;v)). \tag{2-5-6}$$

由引理 1.3.1 和定理 1.3.5,有

$$\lambda_1(\boldsymbol{L}_v(G_iv_i:v)) \leqslant \mu(G_iv_i:v) \leqslant \mu(G^*) = \lambda_1(\boldsymbol{L}_v(G_iv_i:v)),$$

则有

$$\mu(G^*) = \mu(G_iv_i:v). \qquad (2-5-7)$$

由定理 1.4.2,有

$$\Phi(\boldsymbol{L}(G_iv_i:v)) = x\Phi(\boldsymbol{L}_v(G_iv_i:v)) - \Phi(G_i). \qquad (2-5-8)$$

由公式(2-5-6)—公式(2-5-8),有 $\Phi(G_i;\mu(G^*)) = 0$. 从而有 $\mu(G^*) = \mu(G_i)$. 证毕.

2.6　具有 n 个顶点和 k 个悬挂点的单圈图和双圈图的拉普拉斯谱半径

设 v 是图 G 的一个点,假如在 G 上存在一条路 $P:vv_1v_2\cdots v_k$ 满足 $d(v_1)=d(v_2)=\cdots=d(v_{k-1})=2$,且 $d(v_k)=1$,则称 P 是 G 的一条悬挂路.

顶点数等于边数的连通图,称为单圈图;顶点数比边数少 1 的连通图,称为双圈图.

设 $B(p,q)$ $(p \geqslant q \geqslant 3)$ 是一个双圈图,它是由两个圈 $C_p:v_1v_2\cdots v_pv_1$ 和 $C_q:v_{p+1}v_{p+2}\cdots v_{p+q}v_{p+1}$ 通过把点 v_1 和 v_{p+1} 合并为一个新点而得到(不妨设这个新点仍然为 v_1).易见 $|B(p,q)|=p+q-1$.

设 $B(p,l,q)$ $(p \geqslant q \geqslant 3)$ 是一个双圈图,它是由两个圈 $C_p:v_1v_2\cdots v_pv_1$ 和 $C_q:v_{p+1}v_{p+2}\cdots v_{p+q}v_{p+1}$ 通过一条长为 l $(l \geqslant 1)$ 的新路 $v_1u_1u_2\cdots u_{l-1}v_{p+1}$ 连接点 v_1 和 v_{p+1} 而得到.易见 $|B(p,l,q)|=p+q+l-1$.

设 $B(p+q-2l,l)$ $(1 \leqslant l \leqslant \min\{p,q\})$ 是一个双圈图,它是由一个

圈 C_{p+q-2l}：$v_1 v_2 \cdots v_{p-l} v_{p-l+1} v_{p-l+2} \cdots v_{p+q-2l} v_1$ 通过一条长为 l $(l \geqslant 1)$ 的路 $v_1 u_1 u_2 \cdots u_{l-1} v_{p-l+1}$ 连接点 v_1 和 v_{p-l+1} 而得到. 易见 $\mid B(p+p-2l, l) \mid = p+q-l-1$.

显然，具有圈 C_p 和 C_q 的双圈图可以被分成如下三种类型：

第一种类型：含有 $B(p, q)$ 作为诱导子图的双圈图；

第二种类型：含有 $B(p, l, q)$ 作为诱导子图的双圈图；

第三种类型：含有 $B(p+q-2l, l)$ 作为诱导子图的双圈图.

如果 l_1，l_2，$\cdots$，l_k 满足 $\mid l_i - l_j \mid \leqslant 1$，$l_i \geqslant 2$ $(1 \leqslant i, j \leqslant k)$，则称 k 条路 P_{l_1}，P_{l_2}，$\cdots$，P_{l_k} 是几乎等长的.

设 $B_w(p, q)$（$B_w(p, l, q)$，$B_w(p+q-2l, l)$）是一个有 n 个顶点、k 个悬挂点的双圈图，它是由 $B(p, q)$（$B(p, l, q)$，$B(p+q-2l, l)$）通过在其某一点 w 引出 k 条几乎等长的新路而得到.

引理 2.6.1[2]　设 G 是一个有 n 个顶点的图. 则 $\mu(G) \leqslant n$，等式成立，当且仅当 $\overline{G}$ 是不连通的，其中，$\overline{G}$ 表示 G 的补图.

由上述结果，我们立即有如下结论.

推论 2.6.1　对任意一个有 n 个顶点的树 T，有 $\mu(T) \leqslant n$，等式成立，当且仅当 $T \cong K_{1, n-1}$.

假如 G 是一个有 n 个顶点、k 个悬挂点的双圈图，且 $n = k+4$，则由引理 2.6.1 有 $\mu(G) \leqslant n$，等式成立，当且仅当 $G \cong B_{v_1}(3+3-2, 1)$，其中，$v_1$ 是 $B(3+3-2, 1)$ 中某个 3 度点. 以下，我们总是假定 $n \geqslant k+5$.

设 $B_w^h(p, q)$（$B_w^h(p, l, q)$，$B_w^h(p+q-2l, l)$）是一个有 n 个顶点、$k(k \geqslant 2)$ 个悬挂点的双圈图，它是由 $B(p, q)$（$B(p, l, q)$，$B(p+q-2l, l)$）和具有一个公共端点 v 的 k 条几乎等长的路通过一条长为 h 的新路 $w u_1 u_2 \cdots u_{h-1} v$ $(h \geqslant 1)$ 连接 v 和 w 而得到，其中，w 是 $B(p, q)$（$B(p, l, q)$，$B(p+q-2l, l)$）中的某一点.

引理 2.6.2　设 $B_w^h(p, q)$ 和 $B_{v_1}(p, q)$ 是上面所给出的两个图，则有

$$\mu(B_w^h(p,q)) < \mu(B_{v_1}(p,q))(h \geqslant 1).$$

证明　由引理 2.2.2 和界 (*),假如 $w \neq v_1$ 或 $h \neq 1$,则有

$$\mu(B_w^h(p,q)) \leqslant \max\{k+4,7\} \leqslant k+5$$
$$= \Delta(B_{v_1}(p,q)) + 1 < \mu(B_{v_1}(p,q))(k \geqslant 2).$$

假如 $w = v_1$, $h = 1$,且 $k \geqslant 3$,则由引理 2.2.2 和界 (* *),有

$$\mu(B_{v_1}^1(p,q)) \leqslant \max\left\{k+1+\frac{2k+5}{k+1}, 2+\frac{k+3}{2}, 5+\frac{k+9}{5}, 2+\frac{7}{2}\right\}$$
$$\leqslant k+5 < \mu(B_{v_1}(p,q)).$$

假如 $w = v_1$, $h = 1$,且 $k = 2$,则由引理 2.2.2 和界(2-1-2),有

$$\mu(B_{v_1}^1(p,q)) \leqslant \max\left\{ \frac{3\left(3+\frac{9}{3}\right)+5\left(5+\frac{11}{5}\right)}{8}, \right.$$
$$\left. \frac{2\left(2+\frac{7}{2}\right)+5\left(5+\frac{11}{5}\right)}{7}, \frac{1+3+3\left(3+\frac{9}{3}\right)}{4} \right\}$$
$$\leqslant k+5 < \mu(B_{v_1}(p,q)).$$

证毕.

设 w 是 $B(p,q)$ 的一个点,由点 w 引出一条长为 h $(h \geqslant 1)$ 的悬挂路 $wu_1u_2 \cdots u_{h-1}v$,其中,v 是一个悬挂点;再由点 v 和 w 分别引出 t $(t \geqslant 2)$ 条和 s $(s \geqslant 0)$ 几乎等长的路,其中,$s+t=k$,得到一个具有 n 个顶点、k 个悬挂点的双圈图,记作 $B_w^h(p,q;s,t)$.

由 $B(p,q)$ 的某一点引出 k 条悬挂路所得到具有 n 个顶点的双圈图的集合,记作 $\widetilde{B}(p,q)$.

引理 2.6.3　假如 G 是第一类型的双圈图且有 n 个顶点和 k 个悬挂点,则

$$\mu(G) \leqslant \mu(B_{v_1}(p, q)),$$

等式成立,当且仅当 $G \cong B_{v_1}(p, q)$.

证明 不失一般性,我们分如下两种情形.

情形 1 G 是由 $B(p, q)$ 和一棵树 T 通过把 $B(p, q)$ 的某一个点和 T 的某一点合并为一个点而得到. 我们分如下两种子情形:

子情形 1.1 $G \notin \widetilde{B}(p, q)$. 则由定理 2.5.1 和定理 2.2.1,我们有

$$\mu(G) \leqslant \max\{\mu(B_w^h(p, q; 0, k)), \ \mu(B_w^h(p, q; k-2, 2))\} (k \geqslant 2).$$

注意到 $B_w^h(p, q; 0, k) \cong B_w^h(p, q)$. 由引理 2.6.2,有

$$\mu(B_w^h(p, q; 0, k)) < \mu(B_{v_1}(p, q)).$$

又因为若 $k = 2$,则有 $B_w^h(p, q; k-2, 2) \cong B_w^h(p, q; 0, k)$.

因此,下面我们只需要证明对 $k \geqslant 3$,有

$$\mu(B_w^h(p, q; k-2, 2)) < \mu(B_{v_1}(p, q)).$$

假如 $h \geqslant 2$,则由引理 2.2.2 和界($*$),我们有

$$\mu(B_w^h(p, q; k-2, 2)) \leqslant k+5 < \mu(B_{v_1}(p, q)).$$

以下假设 $h = 1$. 假如 $w \neq v_1$,则由引理 2.2.2 和界($*$),我们有

$$\mu(B_w^1(p, q; k-2, 2)) \leqslant k+5 < \mu(B_{v_1}(p, q)).$$

假如 $w = v_1$,则由引理 2.2.2 和界(2-1-2),我们有

$$\mu(B_w^1(p, q; k-2, 2))$$

$$\leqslant \max \left\{ \frac{(k+3)\left(k+3+\dfrac{2k+7}{k+3}\right)+3\left(3+\dfrac{k+7}{3}\right)}{k+6}, \right.$$

$$\left. \frac{(k+3)\left(k+3+\dfrac{2k+7}{k+3}\right)+k+4}{k+4}, \right.$$

$$\frac{(k+3)\left(k+3+\dfrac{2k+7}{k+3}\right)+2\left(2+\dfrac{k+5}{2}\right)}{k+5}\Bigg\}$$

$$\leqslant k+5 < \mu(B_{v_1}(p,q))(k\geqslant 3).$$

子情形 1.2 $G\in\widetilde{B}(p,q)$. 设 $\widetilde{B}_w(p,q)$ 是一个有 n 个顶点的双圈图,它由 $B(p,q)$ 在其某一点 w 引出 k 条路而得到. 下面,我们只需要证明对任意的 $\widetilde{B}_w(p,q)\in\widetilde{B}(p,q)$,有 $\mu(\widetilde{B}_w(p,q))\leqslant\mu(B_{v_1}(p,q))$,等式成立当且仅当 $\widetilde{B}_w(p,q)\cong B_{v_1}(p,q)$.

(1) 假如 $w\neq v_1$ 且 $w\notin N(v_1)$,则由引理 2.2.2 和界 $(*)$,我们有

$$\mu(\widetilde{B}_w(p,q))\leqslant\max\{k+4,6\}\leqslant k+5 < \mu(B_{v_1}(p,q)).$$

(2) 假如 $w\neq v_1$ 但是 $w\in N(v_1)$,则由引理 2.2.2 和界 $(**)$,我们有

$$\mu(\widetilde{B}_w(p,q))\leqslant\max\left\{k+2+\frac{2k+6}{k+2},4+\frac{k+8}{4},2+\frac{k+6}{2},k+3,5\right\}$$

$$\leqslant k+5 < \mu(B_{v_1}(p,q))(k\geqslant 2).$$

特别地,假如 $k=1$,则由引理 2.2.2 和不等式 $(2-1-2)$,我们有

$$\mu(\widetilde{B}_w(p,q))\leqslant 6 < \mu(B_{v_1}(p,q)).$$

(3) 假如 $w=v_1$,则由引理 2.2.4 和定理 2.2.1,我们有

$$\mu(\widetilde{B}_w(p,q))\leqslant\mu(B_{v_1}(p,q)),$$

等式成立,当且仅当 $\widetilde{B}_w(p,q)\cong B_{v_1}(p,q)$.

情形 2 G 是由 $B(p,q)$ 和两棵树 T_1 和 T_2 通过把点 w_1 与 T_1 的某一点合并为一个新点;把 w_2 与 T_2 的某一点合并为一个新点而得到,其中,w_1 和 w_2 是 $B(p,q)$ 的两个不同点. 由定理 2.5.1 和定理 2.2.1,我们有

$$\mu(G)\leqslant\max\{\mu(B_w^h(p,q)),\mu(B_{w_1,w_2}(p,q))\}(h\geqslant 1),$$

其中，$B_{w_1,w_2}(p,q)$ 是一个有 n 个顶点的双圈图，是由 $B(p,q)$ 通过在点 w_1（或 w_2）引出一条长至少为 1 的悬挂路；在点 w_2（或 w_1）引出 $k-1$ 条悬挂路且每一条的长至少为 1 而得到. 由引理 2.6.2，我们有 $\mu(B_w^h(p,q)) < \mu(B_{v_1}(p,q))$.

下面，我们仅仅需要证明

$$\mu(B_{w_1,w_2}(p,q)) < \mu(B_{v_1}(p,q)).$$

我们分如下三种子情形讨论：

子情形 2.1 假如 $w_1 \neq v_1$ 且 $w_2 \neq v_1$，则由引理 2.2.2 和界（∗），我们有

$$\mu(B_{w_1,w_2}(p,q)) \leqslant k+5 < \mu(B_{v_1}(p,q)).$$

子情形 2.2 $w_1 = v_1$ 或 $w_2 = v_1$ 且 w_1 与 w_2 不邻接. 则由引理 2.2.2 和界（∗），我们有

$$\mu(B_{w_1,w_2}(p,q)) \leqslant \max\{7, k+5\} \leqslant k+5 < \mu(B_{v_1}(p,q)).$$

子情形 2.3 $w_1 = v_1$ 或 $w_2 = v_1$ 且 w_1 与 w_2 邻接. 则由引理 2.2.2 和界（2-1-2），有

$$\mu(B_{w_1,w_2}(p,q))$$

$$\leqslant \max \left\{ \frac{(k+1)\left(k+1+\frac{2k+5}{k+1}\right)+5\left(5+\frac{k+7}{5}\right)}{k+6}, \right.$$

$$\frac{(k+1)\left(k+1+\frac{2k+5}{k+1}\right)+2\left(2+\frac{k+6}{2}\right)}{k+3},$$

$$\left. \frac{(k+3)\left(k+3+\frac{2k+7}{k+3}\right)+3\left(3+\frac{k+7}{3}\right)}{k+6}, \right.$$

$$\frac{(k+3)\left(k+3+\dfrac{2k+7}{k+3}\right)+2\left(2+\dfrac{k+6}{2}\right)}{k+5},$$

$$\left.\frac{(k+3)\left(k+3+\dfrac{2k+7}{k+3}\right)+k+4}{k+4}\right\}$$

$$\leqslant k+5 < \mu(B_{v_1}(p,q)).$$

证毕.

引理 2.6.4　假如 G 是第二类型的双圈图且有 n 个顶点和 k 个悬挂点,则

$$\mu(G) < \mu(B_{v_1}(p,q)).$$

证明　由定理 2.5.1 和定理 2.2.1,有

$$\mu(G) \leqslant \max\{\mu(B_w(p,l,q)),\ \mu(B_w^h(p,l,q))\}.$$

由引理 2.2.2 和界($*$),有

$$\mu(B_w^h(p,l,q)) \leqslant k+5 < \mu(B_{v_1}(p,q))(h \geqslant 1).$$

下面,我们只需要证明

$$\mu(B_w(p,l,q)) < \mu(B_{v_1}(p,q)).$$

假如 $l \geqslant 2$,则由引理 2.2.2 和界($*$),我们有

$$\mu(B_w(p,l,q)) \leqslant k+5 < \mu(B_{v_1}(p,q)).$$

以下假定 $l=1$. 假如 w 是 $B(p,1,q)$ 中的度为 2 的点,则由引理 2.2.2 和界($*$),我们有

$$\mu(B_w(p,1,q)) \leqslant k+5 < \mu(B_{v_1}(p,q)).$$

否则,由引理 2.2.2 和界(2-1-2),有

$$\mu(B_w(p,\,1,\,q))$$

$$\leqslant \max\left\{ \frac{(k+3)\left(k+3+\dfrac{2k+7}{k+3}\right)+3\left(3+\dfrac{k+7}{3}\right)}{k+6},\right.$$

$$\frac{(k+3)\left(k+3+\dfrac{2k+7}{k+3}\right)+k+4}{k+4},$$

$$\frac{(k+3)\left(k+3+\dfrac{2k+7}{k+3}\right)+2\left(2+\dfrac{k+5}{2}\right)}{k+5},$$

$$\left.\frac{3\left(3+\dfrac{k+7}{3}\right)+2\left(2+\dfrac{k+5}{2}\right)}{5}\right\}$$

$$\leqslant k+5 < \mu(B_{v_1}(p,\,q)).$$

证毕. ■

引理 2.6.5   假如 G 是第三类型的双圈图且有 n 个顶点和 $k \geqslant 1$ 个悬挂点，则

(1) $\mu(G) < \mu(B_{v_1}(p,\,q))(k \leqslant n-p-q+1)$；

(2) $\mu(G) \leqslant k+5(k \geqslant n-p-q+2)$.

证明   由定理 2.5.1 和定理 2.2.1，我们有

$$\mu(G) \leqslant \max\{\mu(B_w(p+q-2l,\,l)),\ \mu(B_w^h(p+q-2l,\,l))\}.$$

假如 $k \leqslant n-p-q+1$，则存在双圈图 $B_{v_1}(p,\,q)$. 由引理 2.2.2 和界（＊），我们有

$$\mu(B_w^h(p+q-2l,\,l)) \leqslant k+5 < \mu(B_{v_1}(p,\,q))$$

和

$$\mu(B_w(p+q-2l,\,l)) \leqslant k+5 < \mu(B_{v_1}(p,\,q))(l \geqslant 2).$$

以下,我们只需要证明对 $l=1$,有

$$\mu(B_w(p+q-2l,\,l)) < \mu(B_{v_1}(p,\,q)).$$

假如 w 是 $B(p+q-2,\,1)$ 一个度为 2 的点,则由引理 2.2.2 和界(*),我们有

$$\mu(B_w(p+q-2,\,1)) \leqslant k+5 < \mu(B_{v_1}(p,\,q)).$$

否则,由引理 2.2.2 和界 $(2-1-2)$,有

$$\mu(B_w(p+q-2,\,1))$$

$$\leqslant \max \left\{ \frac{(k+3)\left(k+3+\dfrac{2k+7}{k+3}\right)+3\left(3+\dfrac{k+7}{3}\right)}{k+6}, \right.$$

$$\frac{(k+3)\left(k+3+\dfrac{2k+7}{k+3}\right)+k+4}{k+4},$$

$$\frac{(k+3)\left(k+3+\dfrac{2k+7}{k+3}\right)+2\left(2+\dfrac{k+6}{2}\right)}{k+5},$$

$$\left. \frac{3\left(3+\dfrac{k+7}{3}\right)+2\left(2+\dfrac{k+6}{2}\right)}{5} \right\}$$

$$\leqslant k+5 < \mu(B_{v_1}(p,\,q)).$$

我们完成了(1)的证明.

假如 $k \geqslant n-p-q+2$,易见前两种类型的双圈图不存在. 因此,我们只要证明对任一个属于第三类型的双圈图 G,有 $\mu(G) \leqslant k+5$. 而由上面类似的讨论,此结论显然成立. ■

由引理 2.6.3—引理 2.6.5,我们有如下结果.

推论 2.6.2　设 G 是一个有 n 个顶点和 $k \geqslant 1$ 个悬挂点的双圈图且有

圈 C_p 和 C_q，则

(1) 假如 $k \leqslant n-p-q+1$，则 $\mu(G) \leqslant \mu(B_{v_1}(p,q))$，等式成立，当且仅当 $G \cong B_{v_1}(p,q)$；

(2) 假如 $k \geqslant n-p-q+2$，则 $\mu(G) \leqslant k+5$.

下面，我们给出本节的主要结果.

定理 2.6.1 设 G 是一个有 n 个顶点和 $k \geqslant 1$ 个悬挂点的双圈图且有圈 C_p 和 $C_q(p \geqslant q \geqslant 3)$，则

(1) 假如 $n \geqslant k+7$，则 $\mu(G) \leqslant \mu(B_{v_1}(4,4))$，等式成立，当且仅当 $G \cong B_{v_1}(4,4)$；

(2) 假如 $n=k+6$，则 $\mu(G) \leqslant \mu(B_{v_1}(4,3))$，等式成立，当且仅当 $G \cong B_{v_1}(4,3)$；

(3) 假如 $n=k+5$，则 $\mu(G) \leqslant \mu(B_{v_1}(3,3))=n$，等式成立，当且仅当 $G \cong B_{v_1}(3,3)$.

证明 我们首先证明(1)成立. 假如 $k \geqslant n-p-q+2$，则由推论 2.6.2 (2)和引理 2.2.2，我们有

$$\mu(G) \leqslant k+5 < \mu(B_{v_1}(4,4)).$$

假如 $k \leqslant n-p-q+1$，则由推论 2.6.2 中的(1)，我们有

$$\mu(G) \leqslant \mu(B_{v_1}(p,q)),$$

等式成立，当且仅当 $G \cong B_{v_1}(p,q)$.

下面，我们只需要证明对 $n \geqslant k+7$，有

$$\mu(B_{v_1}(p,q)) \leqslant \mu(B_{v_1}(4,4)),$$

且等式成立，当且仅当 $B_{v_1}(p,q) \cong B_{v_1}(4,4)$.

不失一般性，我们分如下四种情形.

情形 1 假如 p 和 q 都是偶数，则 $B_{v_1}(p,q)$ 是一个二分图. 由定理

2.4.2 和推论 1.3.2,我们有

$$\mu(B_{v_1}(p, q)) \leqslant \mu(B_{v_1}(4, 4)),$$

等式成立,当且仅当 $B_{v_1}(p, q) \cong B_{v_1}(4, 4)$.

情形 2　假如 p 是一个偶数但是 q 是一个奇数,我们分如下两种子情形:

子情形 2.1　假如 $q = 3$,则由推论 2.3.5,存在 $B_{v_1}(p, 3)$ 的一条边 $e = uv$,使得

$$\mu(B_{v_1}(p, 3) - e) = \mu(B_{v_1}(p, 3)), \tag{2-6-1}$$

且 $B_{v_1}(p, 3) - e$ 是一个二分图. 由定理 2.4.2,我们有

$$\mu(B_{v_1}(p, 3) - e) \leqslant \mu(B_{v_1}(4, 3) - e), \tag{2-6-2}$$

等式成立,当且仅当 $p = 4$.

因为 $n \geqslant k + 7$,则 $B_{v_1}(4, 3) - e$ 存在一条长至少为 2 的悬挂路. 设该悬挂路的悬挂点和长分别为 w 和 $l(l \geqslant 2)$.

(a) 假如 l 是偶数,则由推论 1.3.2 和定理 2.2.1,我们有

$$\mu(B_{v_1}(4, 3) - e) < \mu(B_{v_1}(4, 3) - e + wv) \leqslant \mu(B_{v_1}(4, l+2)). \tag{2-6-3}$$

由公式(2-6-1)—公式(2-6-3),定理 2.4.2 及推论 1.3.2,我们有

$$\mu(B_{v_1}(p, 3)) < \mu(B_{v_1}(4, 4)).$$

(b) 假如 l 是奇数,则有 $l + 2 \geqslant 5$. 由引理 1.3.1,定理 2.4.1 和定理 2.2.1,我们有

$$\mu(B_{v_1}(4, 3) - e) \leqslant \mu(B_{v_1}(4, 3) - e + wv) < \mu(B_{v_1}(4, l+1)). \tag{2-6-4}$$

由公式(2-6-1),公式(2-6-2)和公式(2-6-4),通过与情形1相似的证明,我们有

$$\mu(B_{v_1}(p, 3)) < \mu(B_{v_1}(4, 4)).$$

子情形 2.2　假如 $q \geqslant 5$,通过与子情形 2.1 的(b)相似的证明,我们有

$$\mu(B_{v_1}(p, q)) < \mu(B_{v_1}(4, 4)).$$

情形 3　假如 p 是奇数但 q 是偶数,通过与情形 2 相似的证明,我们有

$$\mu(B_{v_1}(p, q)) < \mu(B_{v_1}(4, 4)).$$

情形 4　假如 p 和 q 都是奇数,我们分如下两种子情形:

子情形 4.1　假如 $p \geqslant 5$,由推论 2.3.5,在 $B_{v_1}(p, q)$ 的圈 C_q 上存在一条边 $e = uv$,使得

$$\mu(B_{v_1}(p, q) - e) = \mu(B_{v_1}(p, q)). \tag{2-6-5}$$

由定理 2.4.1,定理 2.4.2,定理 2.2.1 和引理 1.3.1,我们有

$$\mu(B_{v_1}(p, q) - e) < \mu(B_{v_1}(4, q)). \tag{2-6-6}$$

由公式(2-6-5)和公式(2-6-6),通过与情形 2 相似的证明,我们有

$$\mu(B_{v_1}(p, q)) < \mu(B_{v_1}(4, 4)).$$

子情形 4.2　假如 $p = q = 3$,由推论 2.3.5,在 $B_{v_1}(p, q)$ 的圈 C_p 或 C_q 上存在一条边 $e = uv$,使得

$$\mu(B_{v_1}(p, q) - e) = \mu(B_{v_1}(p, q)). \tag{2-6-7}$$

注意到 $n \geqslant k+7$.我们断定在 $B_{v_1}(p, q)$ 上存在一条长至少为 2 的悬挂路.假设该悬挂路的悬挂点和长分别为 w 和 l.显然有 $l+2 \geqslant 4$.

由引理 1.3.1,我们有

$$\mu(B_{v_1}(p, q) - e) \leqslant \mu(B_{v_1}(p, q) - e + wu). \tag{2-6-8}$$

假如 $l+2$ 是偶数,由公式(2-6-7)和公式(2-6-8),通过与子情形 2.1 的(a)类似的证明,我们有

$$\mu(B_{v_1}(p,q)) < \mu(B_{v_1}(4,4)).$$

假如 $l+2$ 是奇数,则 $l+2 \geqslant 5$. 由公式(2-6-7)和公式(2-6-8),通过与子情形 4.1 类似的证明,我们有

$$\mu(B_{v_1}(p,q)) < \mu(B_{v_1}(4,4)).$$

完成了(1)的证明.

同理,可以证明(2)和(3)成立.

对单圈图的拉普拉斯谱半径类似的推理,可以有如下结果.

定理 2.6.2　设 G 是有 n 个顶点、$k(n \geqslant k+3)$ 个悬挂点的单圈图且具有围长 $g \geqslant 3$,则

(1) $\mu(G) \leqslant \mu(\widetilde{U}_g)$,其中 $\widetilde{U}_g$ 是一个有 n 个顶点的单圈图,是由圈 C_g 在某一点引出 k 条几乎等长的悬挂路而得到,等式成立,当且仅当 $G \cong \widetilde{U}_g$.

(2) 假如 $n \geqslant k+4$,则 $\mu(G) \leqslant \mu(\widetilde{U}_4)$,等式成立,当且仅当 $G \cong \widetilde{U}_4$.

(3) $\mu(G) \leqslant \mu(U_g^*)$,其中,$U_g^*$ 是一个有 n 个顶点的单圈图,是由圈 C_g 在某一点引出 $n-g$ 条悬挂边而得到,等式成立,当且仅当 $G \cong U_g^*$.

(4) $\mu(U_g^*) < \mu(U_{g-1}^*)$,$g \geqslant 4$.

(5) $\mu(G) \leqslant n$,等式成立,当且仅当 $G \cong U_3^*$.

2.7　图的拉普拉斯谱半径的极限点

按照 Hoffman 所给出的关于图的邻接矩阵的特征值的极限点的定义,下面,我们给出图的拉普拉斯特征值的极限点的定义.

设 r 一个实数, 如果存在一个图的序列 $\{G_n\}$ 满足

$$\mu_k(G_i) \neq \mu_k(G_j),\ i \neq j,\ \text{且} \lim_{n \to \infty} \mu_k(G_n) = r.$$

则称 r 是图的第 k 大的拉普拉斯特征值的极限点. 特别地, 假如 $k=1$, 则称 r 是图的拉普拉斯谱半径的极限点.

相对于图的拉普拉斯特征值的极限点而言, 在过去的几十年中, 图的邻接矩阵的特征值的极限点被更多的研究, 见文献 $[18, 50, 85]$ 等. 最近, 本文作者和 Kirkland 分别研究了图的拉普拉斯特征值(特别是树的代数连通度)的极限点, 见文献 $[45]$ 和文献 $[62]$. 在本节中, 我们将研究图的拉普拉斯谱半径的极限点. 我们首先给出如下结果.

定理 2.7.1 设 v 是图 G 的一个点, $H(G; P_n)$ 是由 G 和一条路 P_n 通过一条边连接点 v 和 P_n 的一个悬挂点而得到. 假如 $\lim\limits_{n \to \infty} \mu(H(G; P_n)) > 4$, 则我们有

$$\lim_{n \to \infty} \mu(H(G; P_n)) = r_1,$$

其中 r_1 是下面方程的最大根

$$\frac{x + \sqrt{x^2 - 4x}}{2x} \Phi(G) - \Phi(\boldsymbol{L}_v(G)) = 0.$$

特别, 假如 G 是一个二分图, 则 r_1 是图的拉普拉斯谱半径的极限点且对应的图序列是 $\{H(G; P_n)\}$.

证明 由定理 $1.4.2$, 我们有

$$\Phi(H(G; P_n)) = \Phi(P_n)(\Phi(G) - \Phi(\boldsymbol{L}_v(G))) - \Phi(G)\Phi(P_{n-1}^0)$$

$$= \Phi(P_n)\left(\Phi(G) - \Phi(\boldsymbol{L}_v(G)) - \Phi(G)\frac{\Phi(P_{n-1}^0)}{\Phi(P_n)}\right).$$

因为 $\lim\limits_{n \to \infty} \mu(H(G; P_n)) > 4$, 我们断定 $\lim\limits_{n \to \infty} \mu(H(G; P_n))$ 是下述方程的最大根

$$\lim_{n \to \infty}\left(\Phi(G) - \Phi(\boldsymbol{L}_v(G)) - \Phi(G)\frac{\Phi(P_{n-1}^0)}{\Phi(P_n)}\right) = 0 \ (x > 0).$$

由定理 1.4.4 和推论 1.4.3,对 $x > 4\left(\text{意味着 } a > 1 \text{ 和 } b = \dfrac{1}{a} < 1\right)$,

有

$$\begin{aligned}
\lim_{n \to \infty}\frac{\Phi(P_{n-1}^0)}{\Phi(P_n)} &= \lim_{n \to \infty}\frac{a^n + a^{n-1} - b^n - b^{n-1}}{x(a^n - b^n)} \\
&= \lim_{n \to \infty}\frac{1 + \dfrac{1}{a} - \left(\dfrac{b}{a}\right)^n - \dfrac{1}{a}\left(\dfrac{b}{a}\right)^{n-1}}{x\left(1 - \left(\dfrac{b}{a}\right)^n\right)} \\
&= \frac{1 + \dfrac{1}{a}}{x} \\
&= \frac{x - \sqrt{x^2 - 4x}}{2x}.
\end{aligned} \tag{2-7-1}$$

从而,我们有

$$\begin{aligned}
&\lim_{n \to \infty}\left(\Phi(G) - \Phi(\boldsymbol{L}_v(G)) - \Phi(G)\frac{\Phi(P_{n-1}^0)}{\Phi(P_n)}\right) \\
&= \Phi(G) - \Phi(\boldsymbol{L}_v(G)) - \Phi(G)\frac{x - \sqrt{x^2 - 4x}}{2x} \\
&= \frac{x + \sqrt{x^2 - 4x}}{2x}\Phi(G) - \Phi(\boldsymbol{L}_v(G)).
\end{aligned}$$

假如 G 是一个二分图,则由推论 1.3.2,我们有

$$\mu(H(G; P_{n+1})) > \mu(H(G; P_n)) \ (n \geqslant 1).$$

因此,r_1 是图的拉普拉斯谱半径的极限点且对应的图序列是 $\{H(G; P_n)\}$. 证毕.

推论 2.7.1 在定理 2.7.1，令 $G=K_{1,2}$，v 是 $K_{1,2}$ 的中心，得到一个新图 $H(K_{1,2};P_n)$. 令 $H'(K_{1,2};P_n)$ 是由 $H(K_{1,2};P_n)$ 通过在与 v 相邻接的两个悬挂点之间添加一条新边而得到. 则有

$$\lim_{n\to\infty}\mu(H(K_{1,2};P_n))=\lim_{n\to\infty}\mu(H'(K_{1,2};P_n))$$

$$=2+\sqrt{5}=4.236+.$$

证明 由引理 2.2.2，容易证明 $\mu(H(K_{1,2};P_2))>4$. 则由推论 1.3.2 有 $\lim_{n\to\infty}\mu(H(K_{1,2};P_n))>4$. 因为

$$\Phi(K_{1,2})=x(x-1)(x-3),\ \Phi(L_v(K_{1,2}))=(x-1)^2.$$

由定理 2.7.1，我们有 $\lim_{n\to\infty}\mu(H(K_{1,2};P_n))$ 是方程

$$\frac{x+\sqrt{x^2-4x}}{2x}\Phi(K_{1,2})-\Phi(L_v(K_{1,2}))=0,$$

即

$$\frac{x+\sqrt{x^2-4x}}{2}(x-1)(x-3)-(x-1)^2=0$$

的最大根.

易见上述方程的最大根为 $2+\sqrt{5}$，则我们有

$$\lim_{n\to\infty}\mu(H(K_{1,2};P_n))=2+\sqrt{5}.$$

从而，由推论 2.3.5 有

$$\lim_{n\to\infty}\mu(H'(K_{1,2};P_n))=2+\sqrt{5}.$$

证毕.

令 $\omega=\dfrac{1}{3}(\sqrt[3]{19+3\sqrt{33}}+\sqrt[3]{19-3\sqrt{33}}+1)$，我们有如下结论.

推论 2.7.2　设图 $H(C_g; P_n)$ 是由一个圈 $C_g (g \geqslant 4)$ 和一条路 P_n 通过用一条边连接 C_g 的某一个点 v 和 P_n 的一个悬挂点而得到. 则我们有

$$\lim_{n \to \infty} \mu(H(C_g; P_n)) > 2 + \omega + \omega^{-1} = 4.38 +.$$

证明　我们分如下两种情形.

情形 1　$g = 4$. 容易计算

$$\mu(H(C_4; P_1)) \approx 4.481\,2 > 2 + \omega + \omega^{-1}.$$

由推论 1.3.1, 结论成立.

情形 2　$g \geqslant 5$. 令 $H(P_5; P_2)$ 是由两条路 P_5 和 P_2 通过一条边连接 P_5 的中点和 P_2 的一个顶点而得到. 容易计算

$$\mu(H(P_5; P_2)) \approx 4.414 > 2 + \omega + \omega^{-1}.$$

由推论 1.3.1, 结论成立.

定理 2.7.2　设 v 是连通图 G 的一个点, $H(G; P_n, P_n)$ 是由 G 和两条长都为 $n-1$ 的新路通过两条新边分别连接 v 和两条路的悬挂点而得到. 假如 $\lim_{n \to \infty} \mu(H(G; P_n, P_n)) > 4$, 则有

$$\lim_{n \to \infty} \mu(H(G; P_n, P_n)) = r_2,$$

其中 r_2 是下述方程的最大根:

$$\frac{x + \sqrt{x^2 - 4x}}{4x} \Phi(G) - \Phi(\boldsymbol{L}_v(G)) = 0.$$

特别地, 假如 G 是一个二分图, 则 r_2 是图的拉普拉斯谱半径的极限点, 且对应的图序列是 $\langle H(G; P_n, P_n) \rangle$.

证明　由推论 1.4.2, 我们有

$$\Phi(H(G; P_n, P_n))$$

$$= \Phi(G)(\Phi(P_n) - \Phi(P_{n-1}^0))^2 - 2\Phi(\boldsymbol{L}_v(G))\Phi(P_n)(\Phi(P_n) - \Phi(P_{n-1}^0))$$

$$= \Phi^2(P_n)\left[\Phi(G)\left(1 - \frac{\Phi(P_{n-1}^0)}{\Phi(P_n)}\right)^2 - 2\Phi(\boldsymbol{L}_v(G))\left(1 - \frac{\Phi(P_{n-1}^0)}{\Phi(P_n)}\right)\right].$$

因为 $\lim\limits_{n\to\infty} \mu(H(G; P_n, P_n)) > 4$，我们断定 $\lim\limits_{n\to\infty} \mu(H(G; P_n, P_n))$ 是下面方程的最大根：

$$\lim_{n\to\infty}\left(\Phi(G)\left(1 - \frac{\Phi(P_{n-1}^0)}{\Phi(P_n)}\right)^2 - 2\Phi(\boldsymbol{L}_v(G))\left(1 - \frac{\Phi(P_{n-1}^0)}{\Phi(P_n)}\right)\right) = 0.$$

由式 $(2-7-1)$，我们有

$$\lim_{n\to\infty}\left(\Phi(G)\left(1 - \frac{\Phi(P_{n-1}^0)}{\Phi(P_n)}\right)^2 - 2\Phi(\boldsymbol{L}_v(G))\left(1 - \frac{\Phi(P_{n-1}^0)}{\Phi(P_n)}\right)\right)$$

$$= \Phi(G)\frac{(x + \sqrt{x^2 - 4x})^2}{4x^2} - \Phi(\boldsymbol{L}_v(G))\frac{x + \sqrt{x^2 - 4x}}{x}$$

$$= \frac{x + \sqrt{x^2 - 4x}}{x}\left[\frac{x + \sqrt{x^2 - 4x}}{4x}\Phi(G) - \Phi(\boldsymbol{L}_v(G))\right].$$

假如 G 是一个二分图，由推论 $1.3.2$，有

$$\mu(H(G; P_{n+1}, P_{n+1})) > \mu(H(G; P_n, P_n)) \quad (n \geqslant 1).$$

从而，r_2 是图的拉普拉斯谱半径的极限点且对应的图序列是 $\{H(G; P_n, P_n)\}$. 证毕.

推论 2.7.3 在定理 $2.7.2$ 中，令 $G = K_2$，则我们有

$$\lim_{n\to\infty} \mu(H(K_2; P_n, P_n)) = 2 + \omega + \omega^{-1} = 4.38+.$$

进一步，$2 + \omega + \omega^{-1}$ 是图的拉普拉斯谱半径的极限点且对应的图序列为 $\{H(K_2; P_n, P_n)\}$.

证明 由引理 $2.2.2$，易见 $\mu(H(K_2; P_2, P_2)) > 4$，则有

$$\lim_{n \to \infty} \mu(H(K_2; P_n, P_n)) > 4.$$

因为

$$\Phi(K_2) = x(x-2), \Phi(\boldsymbol{L}_v(K_2)) = (x-1),$$

由定理 2.7.2，则 $\lim\limits_{n \to \infty} \mu(H(K_2; P_n, P_n))$ 是方程

$$\frac{x+\sqrt{x^2-4x}}{4}(x-2)-(x-1)=0,$$

即

$$x^3 - 6x^2 + 8x - 4 = 0 \qquad (2-7-2)$$

的最大根.

令

$$x = y + 2. \qquad (2-7-3)$$

把公式(2-7-3)代入(2-7-2)，我们有

$$y^3 - 4y - 4 = 0. \qquad (2-7-4)$$

进一步，令

$$y = z + \frac{1}{z}, \qquad (2-7-5)$$

把公式(2-7-5)代入公式(2-7-4)，我们有

$$z^6 - z^4 - 4z^3 - z^2 + 1 = 0,$$

即

$$(z^3 - z^2 - z - 1)(z^3 + z^2 + z - 1) = 0.$$

容易证明上述方程的最大根是 ω. 则由公式(2-7-3)，公式(2-7-5)和定理 2.7.2，结论成立.

推论 2.7.4 设 $H(C_n; P_1)$ 是在推论 2.7.2 中所定义的图,则有

$$\lim_{n \to \infty} \mu(H(C_n; P_1)) = 2 + \omega + \omega^{-1}.$$

证明 我们分如下两种情形讨论:

情形 1 $n = 2k + 1$. 由推论 2.3.5 和推论 2.7.3,我们有

$$\lim_{n \to \infty} \mu(H(C_n; P_1)) = \lim_{k \to \infty} \mu(H(K_2; P_k, P_k)) = 2 + \omega + \omega^{-1}.$$

结论成立.

情形 2 $n = 2k$. 由定理 2.4.2,我们有 $\lim\limits_{n \to \infty} \mu(H(C_n; P_1))$ 存在,且由引理 2.2.2,$\lim\limits_{n \to \infty} \mu(H(C_n; P_1)) > 4$.

注意到 $H(C_n; P_1) \cong C_{n+1, n}$. 由定理 1.4.3 之(3)—(5),我们有

$$\Phi(H(C_n; P_1)) = (x-1)\Phi(C_n) - \Phi(P_n)$$

$$= (x-1)\left(\frac{1}{x}\Phi(P_{n+1}) - \frac{1}{x}\Phi(P_{n-1}) + 2(-1)^{n+1}\right)$$

$$- \Phi(P_n)$$

$$= \frac{x-1}{x}\Phi(P_n)\left[\frac{\Phi(P_{n+1})}{\Phi(P_n)} - \frac{\Phi(P_{n-1})}{\Phi(P_n)}\right.$$

$$\left. + \frac{2(-1)^{n+1}}{\Phi(P_n)} - \frac{x}{x-1}\right]$$

由于 $\lim\limits_{n \to \infty} \mu(H(C_n; P_1)) > 4$,我们断定 $\lim\limits_{n \to \infty} \mu(H(C_n; P_1))$ 是方程

$$\lim_{n \to \infty}\left[\frac{\Phi(P_{n+1})}{\Phi(P_n)} - \frac{\Phi(P_{n-1})}{\Phi(P_n)} + \frac{2(-1)^{n+1}}{\Phi(P_n)} - \frac{x}{x-1}\right] = 0$$

的最大根

由定理 1.4.4,有

$$\lim_{n\to\infty}\left[\frac{\Phi(P_{n+1})}{\Phi(P_n)}-\frac{\Phi(P_{n-1})}{\Phi(P_n)}+\frac{2(-1)^{n+1}}{\Phi(P_n)}-\frac{x}{x-1}\right]$$

$$=a-\frac{1}{a}-\frac{x}{x-1}$$

$$=\sqrt{x^2-4x}-\frac{x}{x-1}.$$

容易验证 $\sqrt{x^2-4x}-\dfrac{x}{x-1}=0$ 的最大根即为方程 $x^3-6x^2+8x-4=0$ 的最大根.

由推论 2.7.3 的证明, 有 $\lim\limits_{n\to\infty}\mu(H(C_n;P_1))=2+\omega+\omega^{-1}(n=2k)$.

由情形 1 和情形 2 讨论, 结论成立. ■

定理 2.7.3 设 G_1,G_2 是两个点不交的连通图, u 是 G_1 中的一个点, v 是 G_2 中的一个点. 设图 G_n 是由 G_1,G_2 和一条长为 $n-1$ 的新路 P_n: $v_1v_2\cdots v_n$ 通过添加两条新边 uv_1 和 vv_n 而得到. 假如 $\lim\limits_{n\to\infty}\mu(H(G_1;P_n))>4$ 或者 $\lim\limits_{n\to\infty}\mu(H(G_2;P_n))>4$, 则有

$$\lim_{n\to\infty}\mu(G_n)=\max\{\lim_{n\to\infty}\mu(H(G_1;P_n)),\lim_{n\to\infty}\mu(H(G_2;P_n))\}.$$

证明 设 $H(G_1;P_{n-1}^0)$ 是由图 $H(G_1;P_{n-1})$ 在其悬挂路 P_{n-1} 的悬挂点上添加一个环而得到. 在 G_n 上应用定理 1.4.2 两次, 我们有

$$\begin{aligned}\Phi(G_n)&=\Phi(H(G_1;P_n))(\Phi(G_2)-\Phi(\boldsymbol{L}_v(G_2)))\\&\quad-\Phi(G_2)\Phi(H(G_1;P_{n-1}^0))\\&=\left[(\Phi(G_1)-\Phi(\boldsymbol{L}_u(G_1)))\Phi(P_n)-\Phi(G_1)\Phi(P_{n-1}^0)\right]\cdot\\&\quad\left[\Phi(G_2)-\Phi(\boldsymbol{L}_v(G_2))\right]-\Phi(G_2)\left[\Phi(P_{n-1}^0)(\Phi(G_1)\right.\\&\quad\left.-\Phi(\boldsymbol{L}_u(G_1)))-\Phi(G_1)\Phi(P_{n-2}^{00})\right].\end{aligned}$$

把定理 1.4.3(3) 代入上式. 我们有

$$\Phi(G_n) = \Phi(P_n)\left[\left(\Phi(G_1) - \Phi(\boldsymbol{L}_u(G_1)) - \Phi(G_1)\frac{\Phi(P_{n-1}^0)}{\Phi(P_n)}\right)\cdot\right.$$

$$(\Phi(G_2) - \Phi(\boldsymbol{L}_v(G_2))) - \Phi(G_2)\frac{\Phi(P_{n-1}^0)}{\Phi(P_n)}\left[\Phi(G_1)\right.$$

$$\left.\left.- \Phi(L_u(G_1)) - \Phi(G_1)\frac{\Phi(P_{n-1})}{x\Phi(P_{n-1}^0)}\right]\right] \triangleq \Phi(P_n)f_n(x).$$

由定理 1.4.4 和推论 1.4.3，对 $x > 4$（意味着 $a > 1$ 和 $b < 1$），有

$$\lim_{n\to\infty}\frac{\Phi(P_{n-1})}{x\Phi(P_{n-1}^0)} = \lim_{n\to\infty}\frac{a^{n-1} - b^{n-1}}{a^n + a^{n-1} - b^n - b^{n-1}}$$

$$= \frac{1}{a + 1}$$

$$= \frac{x - \sqrt{x^2 - 4x}}{2x}. \qquad (2-7-6)$$

由公式 $(2-7-1)$ 和公式 $(2-7-6)$，对 $x > 4$，有

$$\lim_{n\to\infty}f_n(x) = \left[\Phi(G_1) - \Phi(\boldsymbol{L}_u(G_1)) - \Phi(G_1)\frac{x - \sqrt{x^2 - 4x}}{2x}\right]$$

$$\cdot (\Phi(G_2) - \Phi(\boldsymbol{L}_v(G_2))) - \Phi(G_2)\frac{x - \sqrt{x^2 - 4x}}{2x}$$

$$\cdot \left[\Phi(G_1) - \Phi(\boldsymbol{L}_u(G_1)) - \Phi(G_1)\frac{x - \sqrt{x^2 - 4x}}{2x}\right]$$

$$= \left[\Phi(G_1) - \Phi(\boldsymbol{L}_u(G_1)) - \Phi(G_1)\frac{x - \sqrt{x^2 - 4x}}{2x}\right]$$

$$\cdot \left[\Phi(G_2) - \Phi(\boldsymbol{L}_v(G_2)) - \Phi(G_2)\frac{x - \sqrt{x^2 - 4x}}{2x}\right]$$

$$= \left[\frac{x + \sqrt{x^2 - 4x}}{2x}\Phi(G_1) - \Phi(\boldsymbol{L}_u(G_1))\right]$$

$$\cdot \left[\frac{x + \sqrt{x^2 - 4x}}{2x} \Phi(G_2) - \Phi(L_v(G_2)) \right]$$

$$\triangleq f(x).$$

因为 $\lim\limits_{n \to \infty} \mu(H(G_1；P_n)) > 4$ 或 $\lim\limits_{n \to \infty} \mu(H(G_2；P_n)) > 4$，我们断定 $\lim\limits_{n \to \infty} \mu(G_n)$ 是方程 $f(x) = 0$ 的最大根. 由定理 2.7.1,结论成立. ■

下面,我们考虑图的拉普拉斯谱半径的极限点,我们首先给出如下较简单的结果.

定理 2.7.4　图的拉普拉斯谱半径的最小极限点是 4.

证明　因为 $\mu(P_n) = 4\sin^2 \dfrac{(n-1)\pi}{2n}$，易见

$$\mu(P_i) \neq \mu(P_j)　(i \neq j) \text{ 且} \lim_{n \to \infty} \mu(P_n) = 4.$$

从而,4 是图的拉普拉斯谱半径的一个极限点. 又因为

$$\lim_{n \to \infty} \mu(C_n) = \lim_{n \to \infty} 4\sin^2 \dfrac{\left[\dfrac{n}{2}\right]\pi}{n} = 4.$$

由引理 2.2.2,结论成立. ■

下面,我们给出本节的主要结果.

定理 2.7.5　设 $\beta_0 = 1$，$\beta_n (n \geqslant 1)$ 是多项式

$$P_n(x) = x^{n+1} - (1 + x + \cdots + x^{n-1})(\sqrt{x} + 1)^2$$

的最大根.

令 $\alpha_n = 2 + \beta_n^{\frac{1}{2}} + \beta_n^{-\frac{1}{2}}$，则比 $\lim\limits_{n \to \infty} \alpha_n = 2 + \omega + \omega^{-1} (= 4.38+)$ 小的图的全部的拉普拉斯谱半径的极限点是

$$4 = \alpha_0 < \alpha_1 < \alpha_2 < \cdots.$$

证明　设 $4 < r < 2 + \omega + \omega^{-1}$ 是图的拉普拉斯谱半径的一个极限点,

则存在一个图的序列 $\{G_n\}$ 满足

$$\mu(G_i) \neq \mu(G_j) \ (i \neq j) \text{ 和 } \lim_{n \to \infty} \mu(G_n) = r.$$

令图 $T_\triangle$ 是由一个圈 $C_3: v_1 v_2 v_3 v_1$、一个孤立点 v 和一条路 $P_3: u_1 u_2 u_3$ 通过添加边 $v_1 v$ 和 $v_2 u_1$ 而得到. 应用数学软件"Matlab",容易计算

$$\mu(T_\triangle) > 4.4 > 2 + \omega + \omega^{-1}.$$

从而,由推论 2.3.2,推论 2.7.2 和推论 2.7.4,我们可以假定每一个 G_i 是树. 设存在 $\{G_n\}$ 的一个子序列 $\{G_{n_i}\}$ 使得对每一个 i, G_{n_i} 存在一个度至少为 4 的点. 由引理 2.2.2,我们有

$$r \geqslant 5 > 2 + \omega + \omega^{-1},$$

与假设矛盾.

因此,我们可以假设对每一个 i, G_i 的最大度至多为 3. 设对每一个 i, G_i 至少有 3 个度为 3 的点. 由定理 2.4.1,推论 1.3.1 和推论 2.7.3,我们有

$$r = \lim_{n \to \infty} \mu(G_i) \geqslant \lim_{n \to \infty} \mu(H(K_2; P_n, P_n)) \geqslant 2 + \omega + \omega^{-1},$$

矛盾.

因此,我们可以假设每一个 G_i 有至多两个度为 3 的点. 设存在可数个图,使得每一个图恰有两个度为 3 的点且这两个点之间的距离是有限的. 则对某一个 m,当 n 足够大时,$T_{m,n}$ 是图序列 $\{G_n\}$ 中某一个图的子树,其中,$T_{m,n}$ 是由一条路 $P_n: v_1 v_2 \cdots v_{m+1} v_{m+2} \cdots v_n$ 和两个孤立点 u, w 通过添加边 $v_2 u$ 和 $v_{m+2} w$ 而得到. 由定理 2.4.1 和推论 1.3.1,推论 2.7.3,我们有

$$\lim_{n \to \infty} \mu(T_{m,n}) \geqslant \lim_{n \to \infty} \mu(H(K_2; P_n, P_n)) \geqslant 2 + \omega + \omega^{-1},$$

得到一个矛盾.

因此,两个度为 3 的点之间的距离一定无限的. 由定理 2.7.3,我们可以假设每一个 G_i 是树且恰有一个度为 3 的点. 则 G_i 存在三条悬挂路,设有

一条悬挂路有足够多的点,剩下的每一条悬挂路都至少有三个点. 因为

$$\mu(H(P_5;P_2)) \approx 4.414 > 2 + \omega + \omega^{-1},$$

其中 $H(P_5;P_2)$ 是在推论 2.7.2 中的情形 2 所定义的图. 我们断定此种情况不能发生.

令 $H(K_2;P_n,P_m)$ 是由图 K_2 和两条路 P_m 和 P_n 通过用两条边分别连接 K_2 的某一个点 v 和 P_m 的一个悬挂点以及 v 和 P_n 的一个悬挂点而得到. 由上面的讨论,我们所要的极限点如下:

$$\lim_{m\to\infty} \mu(H(K_2;P_n,P_m)) \ (n=1,2,\cdots).$$

由定理 2.7.1,我们需要得到下述方程的最大根:

$$\frac{x+\sqrt{x^2-4x}}{2x}\Phi(P_{n+2}) - \Phi(P_1^0)\Phi(P_n^0).$$

由定理 1.4.4 和定理 1.4.3,我们有

$$\frac{x+\sqrt{x^2-4x}}{2x}\Phi(P_{n+2}) - \Phi(P_1^0)\Phi(P_n^0)$$

$$= \frac{x+\sqrt{x^2-4x}}{2\sqrt{x^2-4x}}(a^{n+2}-b^{n+2})$$

$$- \frac{1}{\sqrt{x^2-4x}}(x-1)(a^{n+1}+a^n-b^{n+1}-b^n). \qquad (2-7-7)$$

令 $x=y+2$, $\theta=\dfrac{y+\sqrt{y^2-4}}{2}$,则有

$$y=\theta+\frac{1}{\theta},$$

$$x=\theta+\frac{1}{\theta}+2,$$

$$\frac{1}{\sqrt{x^2-4x}} = \frac{1}{\sqrt{y^2-4}} = \frac{1}{\sqrt{\theta^2+\dfrac{1}{\theta^2}-2}} = \frac{\theta}{\theta^2-1},$$

$$\frac{x+\sqrt{x^2-4x}}{2} = \frac{y+2+\sqrt{y^2-4}}{2} = \theta+1,$$

$$a = \frac{x-2+\sqrt{x^2-4x}}{2} = \frac{y+\sqrt{y^2-4}}{2} = \theta,$$

$$b = \frac{x-2-\sqrt{x^2-4x}}{2} = \frac{y-\sqrt{y^2-4}}{2} = \frac{1}{\theta}.$$

把上述等式代入方程(2-7-7),我们有

$$\frac{x+\sqrt{x^2-4x}}{2x}\Phi(P_{n+2}) - \Phi(P_1^0)\Phi(P_n^0)$$

$$= (\theta+1)\frac{\theta}{\theta^2-1}\left(\theta^{n+2}-\frac{1}{\theta^{n+2}}\right)$$

$$\quad -\frac{\theta}{\theta^2-1}\left(\theta+\frac{1}{\theta}+1\right)\left(\theta^{n+1}+\theta^n-\frac{1}{\theta^{n+1}}-\frac{1}{\theta^n}\right)$$

$$= \frac{1}{\theta^n}\left[\frac{\theta}{\theta-1}\left(\theta^{2n+2}-\frac{1}{\theta^2}\right)-\frac{\theta}{\theta-1}\left(\theta+\frac{1}{\theta}+1\right)\left(\theta^{2n}-\frac{1}{\theta}\right)\right]$$

$$= \frac{1}{\theta^n}\frac{\theta}{\theta-1}\left(\theta^{2n+2}-\theta^{2n+1}-\theta^{2n-1}-\theta^{2n}+\frac{1}{\theta}+1\right)$$

$$= \frac{1}{\theta^n}\left(\theta^{2n+2}+\frac{\theta^{2n}+\theta^{2n+1}-\theta-1}{1-\theta}\right)$$

$$= \frac{1}{\theta^n}\left[\theta^{2n+2}+\frac{\theta^{2n}-1}{1-\theta^2}(\theta+1)^2\right]$$

$$= \frac{1}{\theta^n}\left[\theta^{2n+2}-(1+\theta^2+\cdots+\theta^{2n-2})(\theta+1)^2\right].$$

令 $\theta^2 = z$. 我们有

$$\frac{x+\sqrt{x^2-4x}}{2x}\Phi(P_{n+2})-\Phi(P_1^0)\Phi(P_n^0)$$

$$=\frac{1}{\theta^n}\left[z^{n+1}-(1+z+\cdots+z^{n-1})(\sqrt{z}+1)^2\right].$$

注意到 $x=y+2$，$y=\theta+\dfrac{1}{\theta}$ 和 $z=\theta^2$. 我们完成了本定理的第一部分的证明. 由推论 2.7.3，我们有 $\lim\limits_{n\to\infty}\alpha_n=2+\omega+\omega^{-1}$. 证毕. ■

推论 2.7.5 图的拉普拉斯谱半径的第二个最小的极限点是 $2+\sqrt{5}$.

证明 由定理 2.7.5，我们仅仅需要求出下述方程的最大根 β_1 即可.

$$x^2-(\sqrt{x}+1)^2=0.$$

易见 $\beta_1=\dfrac{3+\sqrt{5}}{2}$ 且 $\beta_1^{\frac{1}{2}}=\dfrac{1}{2}+\dfrac{\sqrt{5}}{2}$. 从而，我们有 $2+\beta_1^{\frac{1}{2}}+\beta_1^{-\frac{1}{2}}=2+\sqrt{5}$. 证毕. ■

小结：在本章中，我们通过利用特征向量和特征多项式的技巧，给出了一般图的拉普拉斯谱半径的可达的上界及二分图的拉普拉斯谱半径的可达的下界；考虑了在各种扰动下（例如，加边运算、嫁接运算、剖分运算等），拉普拉斯谱半径的变化情况；研究了拉普拉斯谱半径的极限点. 最后，作为所得结果的应用，我们考察了具有 n 个顶点和 k 个悬挂点的单圈图以及双圈图的拉普拉斯谱半径.

第3章

图的代数连通度

1973 年，Fiedler[29]首先研究了图的代数连通度，给出了图的代数连通度与图的点连通度、边连通度的关系. 自此以后，关于代数连通度的研究日益受到人们的重视，出现了大量的结果，关于一般图的代数连通度的研究，可见文献[3，24，29]；关于树的代数连通度的研究，可见文献[37，38，59，60，70]. 在本章中，我们将首先考虑嫁接运算对图的代数连通度的影响.

3.1 嫁接运算对图的代数连通度的影响

最近，人们考虑了在一些图的运算之下，代数连通度的变化情况，见文献[4，24，25，60]. 下面，我们考虑嫁接运算对代数连通度的影响.

下面的一个结果由 Fiedler[30]所得到.

引理 3.1.1 设 $G = (V, E)$ 是一个连通图，X 是一个单位 Fiedler 向量，v 是 G 的一个割点，且 $G-v$ 的全部连通分支为 G_0，G_1，$\cdots$，G_r. 则有

(1) 假如 $X(v) > 0$，则在 G_0，G_1，$\cdots$，G_r 中恰好有一个分支，在该分支中存在一个点对应于 X 的值为负，而对剩余的分支中的每一个点 v_j，都有 $X(v_j) > X(v)$.

（2）假如 $X(v)=0$，且存在某个分支 G_i，使得 G_i 中既有点对应于 X 的值为正，又有点对应于 X 的值为负，则这样的分支是唯一的，且剩余的分支中的每一个点对应于 X 的值为零.

（3）假如 $X(v)=0$，且不存在这样的分支，使得该分支中既有点对应于 X 的值为正，又有点对应于 X 的值为负，则对每一个分支，在该分支中的点对应于 X 的值要么都为正，要么都为负，要么都为零.

下面，用 $\tau(B)$ 表示一个实对称方阵 B 的最小特征值.

引理 3.1.2[3]　设 W 是连通图 G 中的某些点的集合且 $G-W$ 是不连通的. 令 G_1，G_2 是 $G-W$ 的两个连通分支，L_1 和 L_2 分别是 $L(G)$ 的对应于 G_1 和 G_2 的主子阵且设 $\tau(L_1)\leqslant\tau(L_2)$. 则我们有要么 $\tau(L_2)>\alpha(G)$ 要么 $\tau(L_1)=\tau(L_2)=\alpha(G)$.

引理 3.1.3　若 $k>l\geqslant 1$，则 $\tau(P_l^0)>\tau(P_k^0)$，其中 $\tau(P_l^0)=\tau(L_v(P_{l+1}))$，$v$ 是路 P_{l+1} 的一个悬挂点. 进一步，有 $\tau(P_k^0)=\alpha(P_{2k+1})$.

证明　考虑路 P_{2k+1}. 由定理 1.3.5，我们有 $\tau(P_k^0)=\alpha(P_{2k+1})$. 从而，对 $k>l\geqslant 1$，我们有

$$\tau(P_k^0)=\alpha(P_{2k+1})=4\sin^2\frac{\pi}{4k+2}<4\sin^2\frac{\pi}{4l+2}$$
$$=\alpha(P_{2l+1})=\tau(P_l^0).$$

证毕.

引理 3.1.4　令 $f_1(x)=1-x$，$f_{i+1}(x)=2-x-\dfrac{1}{f_i(x)}$，$i=1$，$2,\cdots$，则

$$\Phi(P_n^0)=(-1)^n\prod_{i=1}^n f_i(x).$$

证明　我们对 n 利用数学归纳法. 假如 $n=1,2$，有

$$\Phi(P_1^0) = x - 1 = -f_1(x),$$

$$\Phi(P_2^0) = \begin{vmatrix} x-2 & 1 \\ 1 & x-1 \end{vmatrix} = x^2 - 3x + 1 = (-1)^2 f_1(x) f_2(x).$$

结论成立. 以下, 假定对 $k \leqslant n-1$, 结论成立. 考虑 n 的情况, 易见

$$\Phi(P_n^0) = (x-2)\Phi(P_{n-1}^0) - \Phi(P_{n-2}^0)$$

$$= (-1)^{n-1}(x-2)\prod_{i=1}^{n-1} f_i(x) - (-1)^{n-2}\prod_{i=1}^{n-2} f_i(x)$$

$$= (-1)^n \prod_{i=1}^{n} f_i(x).$$

证毕.

令 $|V(G)|$ 表示图 G 中顶点的数目. 以下结果是 [25] 中引理 2.10 的推广.

定理 3.1.1 设 G 是一个具有 $n \geqslant 2$ 个顶点的连通图, v 是 G 中的一个点. 设 $G_{k,l}(k \geqslant l \geqslant 1)$ 是由 G 通过在点 v 引出两条长分别为 k 和 l 的悬挂路 P: $v(=v_0)v_k v_{k-1}\cdots v_2 v_1$ 和 Q: $v(=v_0)u_l u_{l-1}\cdots u_2 u_1$ 而得到, 其中, u_1, u_2, $\cdots$, u_l 和 v_1, v_2, $\cdots$, v_k 是一些新点. $\boldsymbol{X}$ 是 $G_{k,l}$ 的一个 Fiedler 向量. 则有

$$\alpha(G_{k,l}) \geqslant \alpha(G_{k+1,l-1}),$$

且假如 $\boldsymbol{X}(v_1) \neq 0$ 或 $\boldsymbol{X}(u_1) \neq 0$, 则不等式严格成立.

证明 设

$$V(G) = \{v, w_1, w_2, \cdots, w_h\},$$

则有

$$n = |V(G_{k,l})| = k + l + h + 1.$$

令 $\alpha(G_{k,l}) = \alpha$. 由 $(D(G_{k,l}) - A(G_{k,l}))\boldsymbol{X} = \alpha\boldsymbol{X}$, 我们有

$$
\begin{cases}
(1-\alpha)\boldsymbol{X}(v_1) = \boldsymbol{X}(v_2), \\[4pt]
(2-\alpha)\boldsymbol{X}(v_2) = \boldsymbol{X}(v_1) + \boldsymbol{X}(v_3), \\[4pt]
\vdots \\[4pt]
(2-\alpha)\boldsymbol{X}(v_k) = \boldsymbol{X}(v_{k-1}) + \boldsymbol{X}(v),
\end{cases}
\qquad (3-1-1)
$$

从而有

$$
\begin{cases}
\boldsymbol{X}(v_2) = f_1(\alpha)\boldsymbol{X}(v_1), \\[4pt]
\boldsymbol{X}(v_3) = f_1(\alpha)f_2(\alpha)\boldsymbol{X}(v_1), \\[4pt]
\vdots \\[4pt]
\boldsymbol{X}(v_k) = f_1(\alpha)\cdots f_{k-1}(\alpha)\boldsymbol{X}(v_1), \\[4pt]
\boldsymbol{X}(v) = f_1(\alpha)\cdots f_k(\alpha)\boldsymbol{X}(v_1),
\end{cases}
\qquad (3-1-2)
$$

其中 $f_i(x)$ $(i=1,2,\cdots,k)$ 是在引理 3.1.4 中所定义的关于 x 的函数.

与上面相似的讨论,我们有

$$
\begin{aligned}
\boldsymbol{X}(u_i) &= f_1(\alpha)\cdots f_{i-1}(\alpha)\boldsymbol{X}(u_1),\ i=2,\cdots,l, \\[4pt]
\boldsymbol{X}(v) &= f_1(\alpha)\cdots f_l(\alpha)\boldsymbol{X}(u_1).
\end{aligned}
\qquad (3-1-3)
$$

进一步,由引理 3.1.4,我们有

$$
\begin{aligned}
\boldsymbol{X}(v) &= \boldsymbol{X}(v_1)f_1(\alpha)\cdots f_k(\alpha) \\[4pt]
&= \boldsymbol{X}(v_1)(-1)^k \varPhi(P_k^0; \alpha) \\[4pt]
&= \boldsymbol{X}(v_1)(-1)^k \prod_{i=1}^{k}(\alpha - \lambda_i(P_k^0)) \\[4pt]
&= \boldsymbol{X}(v_1)\prod_{i=1}^{k}(\lambda_i(P_k^0) - \alpha),
\end{aligned}
$$

其中,$\lambda_i(P_k^0)$ 表示矩阵 $\boldsymbol{L}_v(P_{k+1})$ 的第 i 个最大特征值(v 是 P_{k+1} 的一个悬挂点).

同理有

$$
\begin{cases}
\boldsymbol{X}(v_i) = \boldsymbol{X}(v_1)\displaystyle\prod_{j=1}^{i-1}(\lambda_j(P_{i-1}^0)-\alpha),\ i=2,\cdots,k, \\[2mm]
\boldsymbol{X}(v) = \boldsymbol{X}(v_1)\displaystyle\prod_{j=1}^{k}(\lambda_j(P_k^0)-\alpha), \\[2mm]
\boldsymbol{X}(u_i) = \boldsymbol{X}(u_1)\displaystyle\prod_{j=1}^{i-1}(\lambda_j(P_{i-1}^0)-\alpha),\ i=2,\cdots,l, \\[2mm]
\boldsymbol{X}(v) = \boldsymbol{X}(u_1)\displaystyle\prod_{j=1}^{l}(\lambda_j(P_l^0)-\alpha).
\end{cases}
\tag{3-1-4}
$$

我们分如下两种情形.

情形 1　$\alpha(G_{k,l}) < \tau(P_k^0)$. 令 $G_{k+1,l-1} = G_{k,l} - u_1u_2 + v_1u_1$ 且 Y_1 是一个对应于 $G_{k+1,l-1}$ 的赋值,满足:

$$
\begin{cases}
Y_1(u_1) = \boldsymbol{X}(u_1) + \boldsymbol{X}(v_1) - \boldsymbol{X}(u_2), \\
Y_1(w) = \boldsymbol{X}(w),\ w \in V(G_{k+1,l-1}),\ w \neq u_1.
\end{cases}
$$

易见

$$
\boldsymbol{X}^{\mathrm{T}}\boldsymbol{L}(G_{k,l})\boldsymbol{X} = Y_1^{\mathrm{T}}\boldsymbol{L}(G_{k+1,l-1})Y_1
$$

和

$$
Y_1^{\mathrm{T}}e_n = \boldsymbol{X}(v_1) - \boldsymbol{X}(u_2).
$$

令

$$
Y = Y_1 - \frac{\boldsymbol{X}(v_1) - \boldsymbol{X}(v_2)}{n}e_n,
$$

则有

$$
Y^{\mathrm{T}}e_n = 0\ \boldsymbol{X}^{\mathrm{T}}\boldsymbol{L}(G_{k,l})\boldsymbol{X} = Y^{\mathrm{T}}\boldsymbol{L}(G_{k+1,l-1})Y
$$

和

$$Y^{\mathrm{T}} Y = \boldsymbol{X}^{\mathrm{T}} \boldsymbol{X} + 2\boldsymbol{X}(u_1)(\boldsymbol{X}(v_1) - \boldsymbol{X}(u_2)) + (\boldsymbol{X}(v_1) - \boldsymbol{X}(u_2))^2$$

$$- \frac{(\boldsymbol{X}(v_1) - \boldsymbol{X}(u_2))^2}{n}$$

$$= 1 + 2\boldsymbol{X}(u_1)(\boldsymbol{X}(v_1) - \boldsymbol{X}(u_2)) + \frac{n-1}{n}(\boldsymbol{X}(v_1) - \boldsymbol{X}(u_2))^2.$$

$$(3-1-5)$$

因为 $k \geqslant l$，由引理 3.1.3 和情形 1 的假定，我们有

$$\alpha < \tau(P_k^0) \leqslant \tau(P_l^0).$$

把上述不等式与式 $(3-1-4)$ 相结合，我们有

$$sgn(\boldsymbol{X}(v)) = sgn(\boldsymbol{X}(v_1)) = \cdots = sgn(\boldsymbol{X}(v_k))$$
$$= sgn(\boldsymbol{X}(u_1)) = \cdots = sgn(\boldsymbol{X}(u_l)), \quad (3-1-6)$$

其中 $sgn(x)$ 表示 x 的符号.

注意到 $(D(G_{k,l}) - A(G_{k,l}))(-\boldsymbol{X}) = \alpha(-\boldsymbol{X})$. 因此，不失一般性，我们可以假定 $\boldsymbol{X}(v) \geqslant 0$.

假如 $\boldsymbol{X}(v) = 0$，则由式 $(3-1-6)$，有

$$\boldsymbol{X}(v) = \boldsymbol{X}(v_1) = \cdots = \boldsymbol{X}(v_k) = \boldsymbol{X}(u_1) = \cdots = \boldsymbol{X}(u_l) = 0.$$

由式 $(3-1-5)$，我们有 $Y^{\mathrm{T}} Y = 1$. 从而有

$$\alpha(G_{k,l}) = \boldsymbol{X}^{\mathrm{T}} \boldsymbol{L}(G_{k,l})\boldsymbol{X} = \frac{Y^{\mathrm{T}} \boldsymbol{L}(G_{k+1,l-1})Y}{Y^{\mathrm{T}} Y} \geqslant \alpha(G_{k+1,l-1}).$$

假如 $\boldsymbol{X}(v) > 0$，由式 $(3-1-6)$，有

$$\boldsymbol{X}(v_i) > 0 \ (1 \leqslant i \leqslant k), \ \boldsymbol{X}(u_i) > 0 \ (1 \leqslant i \leqslant l).$$

由引理 3.1.1(1)，我们有

$$0 < f_i(\alpha) < 1, \ 1 \leqslant i \leqslant k.$$

由公式(3-1-2)和公式(3-1-3),我们有

$$f_{l+1}(\alpha)\cdots f_k(\alpha)\boldsymbol{X}(v_1) = \boldsymbol{X}(u_1).$$

从而,我们有

$$\boldsymbol{X}(v_1) \geqslant \boldsymbol{X}(u_1) > \boldsymbol{X}(u_2) > 0.$$

把上述不等式与式(3-1-5)相结合,有 $Y^{\mathrm{T}}Y > 1$. 因此,我们有

$$\alpha = \boldsymbol{X}^{\mathrm{T}}\boldsymbol{L}(G_{k,l})\boldsymbol{X} > \frac{Y^{\mathrm{T}}\boldsymbol{L}(G_{k+1,l-1})Y}{Y^{\mathrm{T}}Y} \geqslant \alpha(G_{k+1,l-1}).$$

情形 2 $\alpha \geqslant \tau(P_k^0)$. 由定理 1.3.5 和引理 3.1.3,我们有 $\alpha \leqslant \tau(P_l^0)$. 从而,由公式(3-1-4),假如 $\boldsymbol{X}(u_1) \geqslant 0$,则有 $\boldsymbol{X}(v) \geqslant 0$. 以下,我们总是假定 $\boldsymbol{X}(u_1) \geqslant 0$. 我们分如下两种子情形。

子情形 2.1 $\boldsymbol{X}(u_1) = 0$. 由式(3-1-3)或式(3-1-4),我们有

$$\boldsymbol{X}(u_1) = \boldsymbol{X}(u_2) = \cdots = \boldsymbol{X}(u_l) = \boldsymbol{X}(v) = 0.$$

由式(3-1-5),假如 $\boldsymbol{X}(v_1) \neq 0$ 则 $Y^{\mathrm{T}}Y > 1$. 从而,我们有 $\alpha > \alpha(G_{k+1,l-1})$. 假如 $\boldsymbol{X}(v_1) = 0$,由式(3-1-2),我们有

$$\boldsymbol{X}(v_1) = \boldsymbol{X}(v_2) = \cdots = \boldsymbol{X}(v_k) = 0.$$

由式(3-1-5),我们有 $Y^{\mathrm{T}}Y \geqslant 1$. 从而有 $\alpha \geqslant \alpha(G_{k+1,l-1})$.

子情形 2.2 $\boldsymbol{X}(u_1) > 0$, $\boldsymbol{X}(v) > 0$. 由式(3-1-4)和定理 1.3.5,我们有

$$\tau(P_k^0) < \alpha < \lambda_{k-1}(P_k^0).$$

再一次由式(3-1-4),我们有 $\boldsymbol{X}(v_1) < 0$. 由引理 3.1.1(1),对 $uv \in E(G_{k,l})$, $u \neq v_k$,我们有

$$\boldsymbol{X}(u) > \boldsymbol{X}(v). \qquad (3-1-7)$$

令 Z_1 是对应于 $G_{k+1, l-1}$ 的另一个赋值,满足:

$$\begin{cases} Z_1(u_i) = \boldsymbol{X}(u_{i-1}), \ i = 2, \cdots, l, \\ Z_1(v) = \boldsymbol{X}(u_l), \\ Z_1(v_k) = \boldsymbol{X}(v), \\ Z_1(v_i) = \boldsymbol{X}(v_{i+1}), i = 1, \cdots, k-1, \\ Z_1(u_1) = \boldsymbol{X}(v_1), \\ Z_1(w_i) = \boldsymbol{X}(w_i) + \boldsymbol{X}(u_l) - \boldsymbol{X}(v), \ i = 1, \cdots, h. \end{cases}$$

易见

$$\boldsymbol{X}^{\mathrm{T}} \boldsymbol{L}(G_{k, l}) \boldsymbol{X} = Z_1^{\mathrm{T}} \boldsymbol{L}(G_{k+1, l-1}) Z_1$$

和

$$Z_1^{\mathrm{T}} e_n = h(\boldsymbol{X}(u_l) - \boldsymbol{X}(v)).$$

令

$$Z = Z_1 - \frac{h}{n}(\boldsymbol{X}(u_l) - \boldsymbol{X}(v)) e_n,$$

则有

$$Z^{\mathrm{T}} e_n = 0, \ \boldsymbol{X}^{\mathrm{T}} \boldsymbol{L}(G_{k, l}) \boldsymbol{X} = Z^{\mathrm{T}} \boldsymbol{L}(G_{k+1, l-1}) Z$$

和

$$\begin{aligned} Z^{\mathrm{T}} Z &= Z_1^{\mathrm{T}} Z_1 - \frac{h^2}{n}(\boldsymbol{X}(u_l) - \boldsymbol{X}(v))^2 \\ &= \boldsymbol{X}^{\mathrm{T}} \boldsymbol{X} + 2(\boldsymbol{X}(u_l) - \boldsymbol{X}(v)) \sum_{i=1}^{h} \boldsymbol{X}(w_i) + h(\boldsymbol{X}(u_l) - \boldsymbol{X}(v))^2 \\ &\quad - \frac{h^2}{n}(\boldsymbol{X}(u_l) - \boldsymbol{X}(v))^2 \\ &= 1 + 2\Big[\sum_{i=1}^{k} \boldsymbol{X}(v_i) + \sum_{i=1}^{l} \boldsymbol{X}(u_i) + \boldsymbol{X}(v) \Big] (\boldsymbol{X}(v) - \boldsymbol{X}(u_l)) \\ &\quad + \frac{h(n-h)(\boldsymbol{X}(u_l) - \boldsymbol{X}(v))^2}{n}. \end{aligned} \tag{3-1-8}$$

由式$(3-1-1)$,我们有

$$\alpha \sum_{i=1}^{k} \boldsymbol{X}(v_i) = \boldsymbol{X}(v_k) - \boldsymbol{X}(v)$$

和

$$\alpha \sum_{i=1}^{l} \boldsymbol{X}(u_i) = \boldsymbol{X}(u_l) - \boldsymbol{X}(v).$$

把上述两式代入式$(3-1-8)$,我们有

$$Z^{\mathrm{T}} Z = 1 + 2 \frac{\boldsymbol{X}(v_k) + \boldsymbol{X}(u_l) - 2\boldsymbol{X}(v) + \alpha \boldsymbol{X}(v)}{\alpha} (\boldsymbol{X}(v) - \boldsymbol{X}(u_l))$$

$$+ \frac{h(n-h)(\boldsymbol{X}(u_l) - \boldsymbol{X}(v))^2}{n}. \tag{3-1-9}$$

由 $(D(G_{k,l}) - A(G_{k,l}))\boldsymbol{X} = \alpha \boldsymbol{X}$,我们有

$$(d(v) - \alpha)\boldsymbol{X}(v) = \sum_{uv \in E(G_{k,l})} \boldsymbol{X}(u).$$

因此有

$$\alpha \boldsymbol{X}(v) = d(v)\boldsymbol{X}(v) - \sum_{uv \in E(G_{k,l})} \boldsymbol{X}(u).$$

把上式代入式$(3-1-9)$,我们有

$$Z^{\mathrm{T}} Z = 1 + \frac{2}{\alpha}\left((d(v)-2)\boldsymbol{X}(v) - \sum_{\substack{uv \in E(G_{k,l}) \\ u \neq u_l, v_k}} \boldsymbol{X}(u)\right)(\boldsymbol{X}(v) - \boldsymbol{X}(u_l))$$

$$+ \frac{h(n-h)(\boldsymbol{X}(u_l) - \boldsymbol{X}(v))^2}{n}.$$

由式$(3-1-7)$,我们有 $Z^{\mathrm{T}} Z > 1$. 从而有

$$\alpha = \boldsymbol{X}^{\mathrm{T}} \boldsymbol{L}(G_{k,l}) \boldsymbol{X} > \frac{Z^{\mathrm{T}} \boldsymbol{L}(G_{k+1,l-1}) Z}{Z^{\mathrm{T}} Z} \geqslant \alpha(G_{k+1,l-1}).$$

子情形 2.3　$\boldsymbol{X}(u_1) > 0$，$\boldsymbol{X}(v) = 0$. 由引理 3.1.2 和引理 3.1.3，有

$$\tau(P_l^0) > \alpha \text{ 或 } \tau(P_l^0) = \tau(P_k^0) = \alpha.$$

因为 $\boldsymbol{X}(u_1) > 0$，由式（3-1-4），我们断定 $\tau(P_l^0) > \alpha$ 不可能成立. 因此，我们有 $\tau(P_l^0) = \tau(P_k^0) = \alpha$. 由引理 3.1.3，我们有 $k = l$.

（a）假如 $\boldsymbol{X}(v_1) = 0$，则由式（3-1-2），我们有

$$\boldsymbol{X}(v_1) = \boldsymbol{X}(v_2) = \cdots = \boldsymbol{X}(v_k) = 0.$$

考虑

$$G_{k-1,\,l+1} = G_{k,\,l} - v_1 v_2 + u_1 v_1.$$

因为 $k = l$，显然有 $G_{k-1,\,l+1} \cong G_{k+1,\,l-1}$. 通过与导出式（3-1-5）类似的推理，我们可以由 $\boldsymbol{X}$ 构造一个对应于 $G_{k-1,\,l+1}$ 的赋值 $\widetilde{Y}$，满足：

$$\widetilde{Y}^{\mathrm{T}} \boldsymbol{L}(G_{k-1,\,l+1})\, \widetilde{Y} = \boldsymbol{X}^{\mathrm{T}} \boldsymbol{L}(G_{k,\,l}) \boldsymbol{X}, \quad \widetilde{Y}^{\mathrm{T}} e_n = 0$$

和

$$\begin{aligned}
\widetilde{Y}^{\mathrm{T}} \widetilde{Y} = {} & 1 + 2\boldsymbol{X}(v_1)(\boldsymbol{X}(u_1) - \boldsymbol{X}(v_2)) \\
& + \frac{n-1}{n}(\boldsymbol{X}(v_2) - \boldsymbol{X}(u_1))^2 > 1.
\end{aligned} \tag{3-1-10}$$

从而，我们有

$$\alpha = \boldsymbol{X}^{\mathrm{T}} \boldsymbol{L}(G_{k,\,l}) \boldsymbol{X} > \frac{\widetilde{Y}^{\mathrm{T}} \boldsymbol{L}(G_{k-1,\,l+1})\, \widetilde{Y}}{\widetilde{Y}^{\mathrm{T}} \widetilde{Y}} \geqslant \alpha(G_{k-1,\,l+1}) = \alpha(G_{k+1,\,l-1}).$$

（b）$\boldsymbol{X}(v_1) > 0$. 若 $\boldsymbol{X}(v_1) \geqslant \boldsymbol{X}(u_1)$，由式（3-1-3），我们有

$$\boldsymbol{X}(v_1) \geqslant \boldsymbol{X}(u_1) > \boldsymbol{X}(u_2).$$

把上述不等式与式（3-1-5）相结合，我们有 $Y^{\mathrm{T}} Y > 1$，则 $\alpha > \alpha(G_{k+1,\,l-1})$. 若 $\boldsymbol{X}(v_1) < \boldsymbol{X}(u_1)$，由公式（3-1-1），我们有

$$\boldsymbol{X}(u_1) > \boldsymbol{X}(v_1) > \boldsymbol{X}(v_2).$$

把上述不等式与式(3-1-10)相结合,我们有 $\widetilde{Y}^{\mathrm{T}}\widetilde{Y} > 1$. 从而,我们有 $\alpha > \alpha(G_{k+1,\,l-1})$.

(c) $\boldsymbol{X}(v_1) < 0$. 因为 $\alpha = \tau(P_l^0) = \tau(P_k^0)$,由公式(3-1-2)—公式(3-1-4)和引理 3.1.3,我们有

$$\boldsymbol{X}(v_i) = -r\boldsymbol{X}(u_i) \neq 0,\ i = 1, 2, \cdots, k;\ r > 0.$$

假如 $r \geqslant 1$,则 $\boldsymbol{X}(u_i) \leqslant |\boldsymbol{X}(v_i)|,\ i = 1, 2, \cdots, k$. 由式(3-1-8),我们有 $Z^{\mathrm{T}}Z > 1$. 从而,我们有 $\alpha > \alpha(G_{k+1,\,l-1})$.

假如 $r < 1$,则 $\boldsymbol{X}(u_i) > |\boldsymbol{X}(v_i)|,\ i = 1, 2, \cdots, k$. 考虑

$$G_{k-1,\,l+1} = G_{k,\,l} - v_1 v_2 + u_1 v_1.$$

通过与导出式(3-1-8)类似的推理,我们可以由 $\boldsymbol{X}$ 构造一个对应于 $G_{k-1,\,l+1}$ 的赋值 $\widetilde{Z}$,满足:

$$\widetilde{Z}^{\mathrm{T}}\boldsymbol{L}(G_{k-1,\,l+1})\,\widetilde{Z} = \boldsymbol{X}^{\mathrm{T}}\boldsymbol{L}(G_{k,\,l})\boldsymbol{X},\ \widetilde{Z}^{\mathrm{T}}e_n = 0$$

和

$$\widetilde{Z}^{\mathrm{T}}\widetilde{Z} = 1 + 2\Big(\sum_{i=1}^{k}\boldsymbol{X}(v_i) + \sum_{i=1}^{l}\boldsymbol{X}(u_i) + \boldsymbol{X}(v)\Big)(\boldsymbol{X}(v) - \boldsymbol{X}(v_k))$$

$$+ \frac{h(n-h)(\boldsymbol{X}(v_k) - \boldsymbol{X}(v))^2}{n}$$

$$= 1 - 2\Big(\sum_{i=1}^{k}\boldsymbol{X}(v_i) + \sum_{i=1}^{l}\boldsymbol{X}(u_i)\Big)\boldsymbol{X}(v_k) + \frac{h(n-h)\boldsymbol{X}^2(v_k)}{n} > 1.$$

从而,我们有 $\alpha > \alpha(G_{k-1,\,l+1}) = \alpha(G_{k+1,\,l-1})$. 证毕.

由上述定理,我们有如下已知的结果[24].

推论 3.1.1 顶点数为 n、围长为 g 的连通图中,代数连通度最小的图是一类围长为 g 的单圈图且具有如下性质:去掉圈上任一点,得到至多两个连通分支且不含圈上点的那个分支一定是一条路.

3.2　具有固定围长的连通图的代数连通度的一个猜想

对连通图的代数连通度,在文献[24]中,Fallat 和 Kirkland 提出了如下猜想.

猜想:设 G 是一个顶点数为 n、围长为 $g \geqslant 3$ 的连通图,则有 $\alpha(G) \geqslant \alpha(C_{n, g})$,其中 $C_{n, g}$ 是由圈 C_g 在某一点引出一条长为 $n-g$ 的新的悬挂路而得到($C_{n, g}$ 通常被称为棒棒糖图,图 3-2-1),等式成立当且仅当 $G \cong C_{n, g}$.

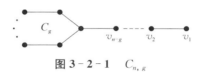

图 3-2-1　$C_{n, g}$

当 $g = 3$ 时,Fallat 和 Kirkland 证明上述猜想成立,见文献[24];在文献[25]中,Fallat 等人证明当 $n \geqslant 3g-1$ 时,该猜想也成立.下面,我们将完全证明该猜想成立.首先,我们给出一些已知的结果.

下面的结果首先由 Fiedler[30] 得到,Bapat 和 Pati 在[3]中给出了另外的证明.

引理 3.2.1　设 G 是一个连通图,$\boldsymbol{X}$ 是 G 的一个 Fiedler 向量.则 G 的由满足 $\boldsymbol{X}(v) \geqslant 0$ 的点所产生的诱导子图是连通的(同样,由满足 $\boldsymbol{X}(v) \leqslant 0$ 的点所产生的诱导子图也是连通的).特别地,假如 $\boldsymbol{X}$ 没有零元素,则特征边的集合构成 G 的一个割集.

引理 3.2.2[40]　设 $G_1 = (V, E_1)$ 是一个有 n 个顶点的连通图,$G_2 = (V, E_2)$ 是由 G_1 通过去掉一条边而在不邻接的两点之间添加一条新边而得到.则有

$$\mu_i(G_1) \geqslant \mu_{i+1}(G_2),\ \mu_i(G_2) \geqslant \mu_{i+1}(G_1)\ (1 \leqslant i \leqslant n-1).$$

引理 3.2.3 设 u 和 v 是连通图 G 的两个不同点,图 $H_{k,l}$ 是由 G 在点 u 和 v 各分别引出一条新的悬挂路 $P: vv_kv_{k-1}\cdots v_1$ 和 $Q: uu_l\cdots u_1\ (k \geqslant l \geqslant 1)$ 而得到. 设 $\boldsymbol{X}$ 是一个对应于 $H_{k,l}$ 的 Fiedler 向量且令

$$H'_{k+l} = H_{k,l} - vv_k + u_1v_k,$$

$$H''_{k+l} = H_{k,l} - uu_l + v_1u_l.$$

假如 $\boldsymbol{X}(v_1)\boldsymbol{X}(u_1) \geqslant 0$,则我们有

$$\alpha(H_{k,l}) \geqslant \alpha(H'_{k+l}) \text{ 或者 } \alpha(H_{k,l}) \geqslant \alpha(H''_{k+l}).$$

证明 设 $V(G) = \{u,\ v,\ w_1,\ w_2,\ \cdots,\ w_h\}$,则有

$$|V(H_{k,l})| = k+l+h+2.$$

令 Y 是对应于 H'_{k+l} 的一个赋值,且满足:

$$\begin{cases} Y(v_i) = \boldsymbol{X}(v_i) + \boldsymbol{X}(u_1) - \boldsymbol{X}(v),\ i = 1,\ \cdots,\ k, \\ Y(w) = \boldsymbol{X}(w),\ w \in V(H'_{k+1}),\ w \neq v_i,\ i = 1,\ 2,\ \cdots,\ k. \end{cases}$$

易见

$$Y^{\mathrm{T}} \boldsymbol{L}(H'_{k+l})Y = \boldsymbol{X}^{\mathrm{T}} \boldsymbol{L}(H_{k,l})\boldsymbol{X}$$

和

$$Y^{\mathrm{T}} e = k(\boldsymbol{X}(u_1) - \boldsymbol{X}(v)).$$

取

$$Z = Y - \frac{k}{n}(\boldsymbol{X}(u_1) - \boldsymbol{X}(v))e_n,$$

则我们有

$$Z^{\mathrm{T}} e_n = 0 \text{ 和 } Z^{\mathrm{T}} \boldsymbol{L}(H'_{k+l})Z = \boldsymbol{X}^{\mathrm{T}}\boldsymbol{L}(H_{k,l})\boldsymbol{X}$$

成立.

考虑

$$Z^{\mathrm{T}}Z = Y^{\mathrm{T}}Y - \frac{k^2}{n}(\boldsymbol{X}(u_1) - \boldsymbol{X}(v))^2$$

$$= 1 + 2(\boldsymbol{X}(u_1) - \boldsymbol{X}(v))\sum_{i=1}^{k}\boldsymbol{X}(v_i)$$

$$+ \frac{k(n-k)(\boldsymbol{X}(u_1) - \boldsymbol{X}(v))^2}{n}. \qquad (3-2-1)$$

通过与上面类似的讨论,我们也可以由 $\boldsymbol{X}$ 构造一个对应于 H''_{k+l} 的赋值 $\widetilde{Z}$,满足:

$$\widetilde{Z}e_n = 0, \quad \widetilde{Z}^{\mathrm{T}}L(H''_{k+l})\widetilde{Z} = \boldsymbol{X}^{\mathrm{T}}\boldsymbol{L}(H_{k,l})\boldsymbol{X}$$

和

$$\widetilde{Z}^{T}\widetilde{Z} = 1 + 2(\boldsymbol{X}(v_1) - \boldsymbol{X}(u))\sum_{i=1}^{l}\boldsymbol{X}(u_i)$$

$$+ \frac{l(n-l)(\boldsymbol{X}(v_1) - \boldsymbol{X}(u))^2}{n}. \qquad (3-2-2)$$

我们分如下三种情形讨论.

情形 1　若 $\boldsymbol{X}(u_1)\boldsymbol{X}(v_1) > 0$,则我们可以假设 $\boldsymbol{X}(u_1) > 0$ 和 $\boldsymbol{X}(v_1) > 0$. 由引理 3.2.1,我们断定

$$\begin{cases} \boldsymbol{X}(u_i) \geqslant 0 \ (i=2,\cdots,l), \ \boldsymbol{X}(u) \geqslant 0, \\ \boldsymbol{X}(v_i) \geqslant 0 \ (i=2,\cdots,k), \ \boldsymbol{X}(v) \geqslant 0. \end{cases} \qquad (3-2-3)$$

从而,我们有

$$\sum_{i=1}^{l}\boldsymbol{X}(u_i) > 0, \quad \sum_{i=1}^{k}\boldsymbol{X}(v_i) > 0. \qquad (3-2-4)$$

假如 $\boldsymbol{X}(v) = 0$,则由式(3-2-1)和上面的不等式(3-2-4),我们有

$Z^{\mathrm{T}}Z > 1.$ 从而,$\alpha(H_{k,l}) > \alpha(H'_{k+l}).$

若 $\boldsymbol{X}(u) = 0$,则由式(3-2-2)和式(3-2-4),我们有 $\widetilde{Z}^{\mathrm{T}}\widetilde{Z} > 1.$ 从而有 $\alpha(H_{k,l}) > \alpha(H''_{k+l}).$

下面假设 $\boldsymbol{X}(u) > 0$ 且 $\boldsymbol{X}(v) > 0$,由式(3-2-3)和引理3.1.1(1),我们有

$$\boldsymbol{X}(u) < \boldsymbol{X}(u_l) < \cdots < \boldsymbol{X}(u_1)$$

和

$$\boldsymbol{X}(v) < \boldsymbol{X}(v_k) < \cdots < \boldsymbol{X}(v_1),$$

则我们有

$$\boldsymbol{X}(u_1) > \boldsymbol{X}(v) \ \text{或} \ \boldsymbol{X}(v_1) > \boldsymbol{X}(u).$$

由式(3-2-1)和式(3-2-2),我们有

$$Z^{\mathrm{T}}Z > 1 \ \text{或} \ \widetilde{Z}^{\mathrm{T}}\widetilde{Z} > 1.$$

从而,我们有

$$\alpha(H_{k,l}) > \alpha(H'_{k+l}) \ \text{或} \ \alpha(H_{k,l}) > \alpha(H''_{k+l}).$$

情形 2 $\boldsymbol{X}(u_1) = \boldsymbol{X}(v_1) = 0.$ 由式(3-1-2),我们有

$$\boldsymbol{X}(v) = \boldsymbol{X}(v_k) = \cdots = \boldsymbol{X}(v_1) = 0$$

和

$$\boldsymbol{X}(u) = \boldsymbol{X}(u_l) = \cdots = \boldsymbol{X}(u_1) = 0.$$

由公式(3-2-1),我们有 $Z^{\mathrm{T}}Z = \boldsymbol{X}^{\mathrm{T}}\boldsymbol{X} = 1.$ 从而有 $\alpha(H_{k,l}) \geqslant \alpha(H'_{k+l}).$

情形 3 $\boldsymbol{X}(u_1) = 0, \boldsymbol{X}(v_1) \neq 0$ 或 $\boldsymbol{X}(u_1) \neq 0, \boldsymbol{X}(v_1) = 0.$ 通过与情形2类似的讨论,我们有

$$\alpha(H_{k,l}) > \alpha(H'_{k+l}) \ \text{或} \ \alpha(H_{k,l}) > \alpha(H''_{k+l}).$$

证毕.

下面,我们研究单圈图的代数连通度.

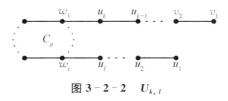

图 3 - 2 - 2　$U_{k, l}$

引理 3. 2. 4　设 C_g: $w_1 w_2 \cdots w_g w_1 (w_i w_{i+1} \in E(C_g)$, $1 \leqslant i \leqslant g-1$; $w_1 w_g \in E(C_g))$ 是一个长为 g 的圈,图 $U_{k, l}$ 是由 C_g 在点 w_1 和 w_i 分别各引出一条新的悬挂路 P: $w_1 v_k v_{k-1} \cdots v_2 v_1$ 和 Q: $w_i u_l u_{l-1} \cdots u_2 u_1 (i \neq 1)$ 而得到(图 3 - 2 - 2)且 $|V(U_{k, l})| = n = k+l+g$. 令 $C_{n, g} = U_{k, l} - w_i u_l + v_1 u_l$,则我们有 $\alpha(U_{k, l}) > \alpha(C_{n, g})(\stackrel{\triangle}{=} \alpha)$.

证明　不失一般性,我们可以假设 $k \geqslant l \geqslant 1$. 在定理 1. 4. 2 中,对 $U_{k, l}$ 取 $u = w_i$ 和 $v = u_l$,我们有

$$\Phi(U_{k, l}) = \Phi(C_{k+g, g})\Phi(P_l) - \Phi(C_{k+g, g})\Phi(P_{l-1}^0)$$
$$- \Phi(\boldsymbol{L}_{w_i}(C_{k+g, g}))\Phi(P_l).$$

同理,在定理 1. 4. 2 中, 对 $C_{n, g}$ 取 $u = v_1$ 和 $v = u_l$,我们有

$$\Phi(C_{n, g}) = \Phi(C_{k+g, g})\Phi(P_l) - \Phi(C_{k+g, g})\Phi(P_{l-1}^0)$$
$$- \Phi(\boldsymbol{L}_{v_1}(C_{k+g, g}))\Phi(P_l).$$

从而,我们有

$$\Phi(U_{k, l}) - \Phi(C_{n, g}) = \Phi(\boldsymbol{L}_{v_1}(C_{k+g, g}))\Phi(P_l) - \Phi(\boldsymbol{L}_{w_i}(C_{k+g, g}))\Phi(P_l)$$
$$= \Phi(P_l)[\Phi(\boldsymbol{L}_{v_1}(C_{k+g, g})) - \Phi(\boldsymbol{L}_{w_i}(C_{k+g, g}))].$$

$$(3 - 2 - 5)$$

我们分如下两种情形:

情形 1 $k \geqslant 2$. 在定理 1.4.2 中,取 $u = w_1$ 和 $v = v_k$,我们有

$$\Phi(\boldsymbol{L}_{v_1}(C_{k+g,\, g})) = \Phi(C_g)\Phi(P_{k-1}^0) - \Phi(C_g)\Phi(P_{k-2}^{00}) - \Phi(P_{g-1}^{00})\Phi(P_{k-1}^0).$$

在定理 1.4.2 中,取 $u = w_1$ 和 $v = v_k$,我们有

$$\Phi(L_{w_i}(C_{k+g,\, g})) = \Phi(P_{g-1}^{00})\Phi(P_k) - \Phi(P_{g-1}^{00})\Phi(P_{k-1}^0)$$

$$- \Phi(P_{i-2}^{00})\Phi(P_{g-i}^{00})\Phi(P_k).$$

从而,我们有

$$\Phi(\boldsymbol{L}_{v_1}(C_{k+g,\, g})) - \Phi(\boldsymbol{L}_{w_i}(C_{k+g,\, g}))$$

$$= \Phi(C_g)\Phi(P_{k-1}^0) - \Phi(C_g)\Phi(P_{k-2}^{00})$$

$$- \Phi(P_{g-1}^{00})\Phi(P_k) + \Phi(P_{i-2}^{00})\Phi(P_{g-i}^{00})\Phi(P_k).$$

把上述等式与定理 1.4.3 中的(2)和(3)相结合,对 $x \neq 0$,有

$$\Phi(\boldsymbol{L}_{v_1}(C_{k+g,\, g})) - \Phi(\boldsymbol{L}_{w_i}(C_{k+g,\, g}))$$

$$= \frac{1}{x}\Phi(P_k)\left[\Phi(C_g) - \Phi(P_g) + \frac{1}{x}\Phi(P_{i-1})\Phi(P_{g-i+1})\right].$$

把上述等式代入式(3-2-5),对 $x \neq 0$,我们有

$$\Phi(U_{k,\, l}) - \Phi(C_{n,\, g})$$

$$= \frac{1}{x}\Phi(P_k)\Phi(P_l)\left[\Phi(C_g) - \Phi(P_g) + \frac{1}{x}\Phi(P_{i-1})\Phi(P_{g-i+1})\right]$$

$$= (-1)^{n-1}x^2\prod_{i=1}^{k-1}(\mu_i(P_k) - x)\prod_{i=1}^{l-1}(\mu_i(P_l) - x) \cdot$$

$$\left[\prod_{i=1}^{g-1}(\mu_i(C_g) - x) - \prod_{i=1}^{g-1}(\mu_i(P_g) - x)\right.$$

$$\left. - \prod_{j=1}^{i-2}(\mu_j(P_{i-1}) - x)\prod_{j=1}^{g-i}(\mu_j(P_{g-i+1}) - x)\right]. \qquad (3-2-6)$$

不失一般性,我们可以假定 $i-1 \leqslant \left[\dfrac{g}{2}\right]$. 由引理 1.3.1,我们有

$$\alpha = \alpha(C_{n,g}) \leqslant \min\{\alpha(C_g), \alpha(P_{k+l})\} \leqslant \min\{\mu_{g-2}(P_g), \alpha(P_{i-1})\}.$$

假如 $\alpha \geqslant \alpha(P_{g-i+1})$,则有 $\alpha \geqslant \alpha(P_g)$. 从而由公式(3-2-6),我们有

$$(-1)^{n-1}(\Phi(U_{k,l}; \alpha) - \Phi(C_{n,g}; \alpha)) > 0.$$

由引理 3.2.2,我们有 $\alpha \leqslant \mu_{n-2}(U_{k,l})$. 因此,我们有 $\alpha(U_{k,l}) > \alpha$,结论成立.

下面,我们假定 $\alpha < \alpha(P_{g-i+1})$. 由定理 1.4.5(1),我们有

$$\Phi(P_{i-1})\Phi(P_{g-i+1}) - \Phi(P_i)\Phi(P_{g-i})$$
$$= \Phi(P_0)\Phi(P_{g-2i+2}) - \Phi(P_1)\Phi(P_{g-2i+1})$$
$$= -x\Phi(P_{g-2i+1}).$$

与上面类似的讨论,我们有

$$\Phi(P_i)\Phi(P_{g-i}) - \Phi(P_{i+1})\Phi(P_{g-i-1}) = -x\Phi(P_{g-2i-1})$$
$$\vdots$$
$$\Phi(P_{\left[\frac{g}{2}\right]-1})\Phi(P_{g-\left[\frac{g}{2}\right]+1}) - \Phi(P_{\left[\frac{g}{2}\right]})\Phi(P_{g-\left[\frac{g}{2}\right]}) = -x\Phi(P_{g-2\left[\frac{g}{2}\right]+1}).$$

从而,对 $i-1 < \left[\dfrac{g}{2}\right]$,我们有

$$\Phi(P_{i-1})\Phi(P_{g-i+1}) - \Phi(P_{\left[\frac{g}{2}\right]})\Phi(P_{g-\left[\frac{g}{2}\right]}) = -x\sum_{j=i}^{\left[\frac{g}{2}\right]}\Phi(P_{g-2j+1}).$$

$$(3-2-7)$$

因为 $g-2j+1 < g-i+1$ $\left(i \leqslant j \leqslant \left[\dfrac{g}{2}\right]\right)$,由引理 1.3.1 和上面的假定 $\alpha < \alpha(P_{g-i+1})$,我们有

$$\alpha < \alpha(P_{g-i+1}) < \alpha(P_{g-2j+1}) \ \left(i \leqslant j \leqslant \left[\frac{g}{2} \right] \right).$$

则有

$$\sum_{j=i}^{\left[\frac{g}{2}\right]} (-1)^{g-2j} \Phi(P_{g-2j+1}; \alpha) = (-1)^g \sum_{j=i}^{\left[\frac{g}{2}\right]} \Phi(P_{g-2j+1}; \alpha) > 0.$$

把上面的不等式与式(3-2-7)相结合,我们有

$$(-1)^{g-1} \left[\Phi(P_{i-1}; \alpha) \Phi(P_{g-i+1}; \alpha) - \Phi(P_{\left[\frac{g}{2}\right]}; \alpha) \Phi(P_{g-\left[\frac{g}{2}\right]}; \alpha) \right] \geqslant 0,$$

等式成立,当且仅当 $i-1 = \left[\dfrac{g}{2} \right]$.

从而,由式(3-2-6),我们有

$$(-1)^{n-1} \left[\Phi(U_{k,l}; \alpha) - \Phi(C_{n,g}; \alpha) \right]$$
$$\geqslant (-1)^{n-1} \Phi(P_k; \alpha) \Phi(P_l; \alpha) \left[\Phi(C_g; \alpha) - \Phi(P_g; \alpha) \right.$$
$$\left. + \frac{1}{\alpha} \Phi(P_{\left[\frac{g}{2}\right]}; \alpha) \Phi(P_{g-\left[\frac{g}{2}\right]}; \alpha) \right].$$

下面,我们仅仅需要证明对 $0 < \alpha < \alpha(P_{g-i+1}) \leqslant \alpha(P_{g-\left[\frac{g}{2}\right]})$,有

$$(-1)^{g-1} \left[\Phi(C_g; \alpha) - \Phi(P_g; \alpha) + \frac{1}{\alpha} \Phi(P_{\left[\frac{g}{2}\right]}; \alpha) \Phi(P_{g-\left[\frac{g}{2}\right]}; \alpha) \right] > 0.$$

$$(3-2-8)$$

假如 $g = 3, 4$,容易证明式(3-2-8)成立. 下面,我们假定 $g \geqslant 5$. 由定理 1.4.3 中的(1)和(4),我们有

$$\Phi(C_g) - \Phi(P_g) + \frac{1}{x} \Phi(P_{\left[\frac{g}{2}\right]}) \Phi(P_{g-\left[\frac{g}{2}\right]})$$
$$= \frac{1}{x} \Phi(P_{g+1}) - \frac{1}{x} \Phi(P_{g-1}) + 2(-1)^{g-1} - \Phi(P_g)$$
$$+ \frac{1}{x} \Phi(P_{\left[\frac{g}{2}\right]}) \Phi(P_{g-\left[\frac{g}{2}\right]})$$

$$= \frac{1}{x}\big[-2\Phi(P_g) - 2\Phi(P_{g-1}) + 2x(-1)^{g-1}$$

$$+ \Phi(P_{\left[\frac{g}{2}\right]})\Phi(P_{g-\left[\frac{g}{2}\right]})\big]. \qquad (3-2-9)$$

由定理 1.4.2,我们有

$$\Phi(P_g) = \Phi(P_{\left[\frac{g}{2}\right]})\Phi(P_{g-\left[\frac{g}{2}\right]}) - \Phi(P^0_{\left[\frac{g}{2}\right]-1}) \cdot$$

$$\Phi(P_{g-\left[\frac{g}{2}\right]}) - \Phi(P_{\left[\frac{g}{2}\right]})\Phi(P^0_{g-\left[\frac{g}{2}\right]-1})$$

$$\Phi(P_{g-1}) = \Phi(P_{\left[\frac{g}{2}\right]})\Phi(P_{g-\left[\frac{g}{2}\right]-1}) - \Phi(P^0_{\left[\frac{g}{2}\right]-1}) \cdot$$

$$\Phi(P_{g-\left[\frac{g}{2}\right]-1}) - \Phi(P_{\left[\frac{g}{2}\right]})\Phi(P^0_{g-\left[\frac{g}{2}\right]-2}).$$

把上面的两个方程代入式(3-2-9),我们有

$$\Phi(C_g) - \Phi(P_g) + \frac{1}{x}\Phi(P_{\left[\frac{g}{2}\right]})\Phi(P_{g-\left[\frac{g}{2}\right]})$$

$$= \frac{1}{x}\big[-\Phi(P_{\left[\frac{g}{2}\right]})\Phi(P_{g-\left[\frac{g}{2}\right]}) - 2\Phi(P_{\left[\frac{g}{2}\right]})\Phi(P_{g-\left[\frac{g}{2}\right]-1})$$

$$+ 2x(-1)^{g-1} + 2\Phi(P^0_{\left[\frac{g}{2}\right]-1})\Phi(P_{g-\left[\frac{g}{2}\right]})$$

$$+ 2\Phi(P_{\left[\frac{g}{2}\right]})\Phi(P^0_{g-\left[\frac{g}{2}\right]-1}) + 2\Phi(P^0_{\left[\frac{g}{2}\right]-1})\Phi(P_{g-\left[\frac{g}{2}\right]-1})$$

$$+ 2\Phi(P_{\left[\frac{g}{2}\right]})\Phi(P^0_{g-\left[\frac{g}{2}\right]-2})\big]. \qquad (3-2-10)$$

由定理 1.4.3(2),我们有

$$x\Phi(P^0_{\left[\frac{g}{2}\right]-1}) = \Phi(P_{\left[\frac{g}{2}\right]}) + \Phi(P_{\left[\frac{g}{2}\right]-1}), \qquad (3-2-11)$$

$$x\Phi(P^0_{g-\left[\frac{g}{2}\right]-1}) = \Phi(P_{g-\left[\frac{g}{2}\right]}) + \Phi(P_{g-\left[\frac{g}{2}\right]-1}), \quad (3-2-12)$$

$$x\Phi(P^0_{g-\left[\frac{g}{2}\right]-2}) = \Phi(P_{g-\left[\frac{g}{2}\right]-1}) + \Phi(P_{g-\left[\frac{g}{2}\right]-2}). \quad (3-2-13)$$

由公式(3-2-11),公式(3-2-12),定理 1.4.3(2)和定理 1.4.5(1),
对 $x \neq 0$,我们有

$$\Phi(P^0_{\left[\frac{g}{2}\right]-1})\Phi(P_{g-\left[\frac{g}{2}\right]})$$

$$= \left[\frac{1}{x}\Phi(P_{\left[\frac{g}{2}\right]}) + \frac{1}{x}\Phi(P_{\left[\frac{g}{2}\right]-1})\right]\left[x\Phi(P^0_{g-\left[\frac{g}{2}\right]-1})\right.$$

$$\left. - \Phi(P_{g-\left[\frac{g}{2}\right]-1})\right]$$

$$= \Phi(P^0_{g-\left[\frac{g}{2}\right]-1})\Phi(P_{\left[\frac{g}{2}\right]}) + \frac{1}{x}\left[\Phi(P_{\left[\frac{g}{2}\right]-1})\Phi(P_{g-\left[\frac{g}{2}\right]})\right.$$

$$\left. - \Phi(P_{\left[\frac{g}{2}\right]})\Phi(P_{g-\left[\frac{g}{2}\right]-1})\right]$$

$$= \Phi(P^0_{g-\left[\frac{g}{2}\right]-1})\Phi(P_{\left[\frac{g}{2}\right]}) - \Phi(P_{g-2\left[\frac{g}{2}\right]}). \qquad (3-2-14)$$

由公式$(3-2-11)$,公式$(3-2-13)$,定理 1.4.3(2)和定理 1.4.5(1),
对 $x \neq 0$,我们有

$$\Phi(P^0_{\left[\frac{g}{2}\right]-1})\Phi(P_{g-\left[\frac{g}{2}\right]-1})$$

$$= \Phi(P^0_{g-\left[\frac{g}{2}\right]-2})\Phi(P_{\left[\frac{g}{2}\right]}) + \frac{1}{x}\left[\Phi(P_{\left[\frac{g}{2}\right]-1})\Phi(P_{g-\left[\frac{g}{2}\right]-1})\right.$$

$$\left. - \Phi(P_{\left[\frac{g}{2}\right]})\Phi(P_{g-\left[\frac{g}{2}\right]-2})\right]$$

$$= \Phi(P^0_{g-\left[\frac{g}{2}\right]-2})\Phi(P_{\left[\frac{g}{2}\right]}) + \frac{1}{x}\left[\Phi(P_1)\Phi(P_{g-2\left[\frac{g}{2}\right]+1})\right.$$

$$\left. - \Phi(P_2)\Phi(P_{g-2\left[\frac{g}{2}\right]})\right]. \qquad (3-2-15)$$

把式$(3-2-14)$和式$(3-2-15)$代入式$(3-2-10)$,我们有

$$\Phi(C_g) - \Phi(P_g) + \frac{1}{x}\Phi(P_{\left[\frac{g}{2}\right]})\Phi(P_{g-\left[\frac{g}{2}\right]})$$

$$= \frac{1}{x}\left[-\Phi(P_{\left[\frac{g}{2}\right]})\Phi(P_{g-\left[\frac{g}{2}\right]}) - 2\Phi(P_{\left[\frac{g}{2}\right]})\Phi(P_{g-\left[\frac{g}{2}\right]-1})\right.$$

$$+ 2x(-1)^{g-1} + 4\Phi(P_{\left[\frac{g}{2}\right]})\Phi(P^0_{g-\left[\frac{g}{2}\right]-1})$$

$$+ 4\Phi(P_{\left[\frac{g}{2}\right]})\Phi(P^0_{g-\left[\frac{g}{2}\right]-2}) - 2\Phi(P_{g-2\left[\frac{g}{2}\right]})$$

$$\left. + \frac{2}{x}(\Phi(P_1)\Phi(P_{g-2\left[\frac{g}{2}\right]+1}) - \Phi(P_2)\Phi(P_{g-2\left[\frac{g}{2}\right]}))\right]. \quad (3-2-16)$$

假如 g 是奇数，则 $\left[\dfrac{g}{2}\right]=\dfrac{g-1}{2}$. 由式(3-2-16)，我们有

$$\Phi(C_g)-\Phi(P_g)+\frac{1}{x}\Phi(P_{\left[\frac{g}{2}\right]})\Phi(P_{g-\left[\frac{g}{2}\right]})$$

$$=\Phi(C_g)-\Phi(P_g)+\frac{1}{x}\Phi(P_{\frac{g-1}{2}})\Phi(P_{\frac{g+1}{2}})$$

$$=\frac{1}{x}\Big[-\Phi(P_{\frac{g-1}{2}})\Phi(P_{\frac{g+1}{2}})-2\Phi(P_{\frac{g-1}{2}})\Phi(P_{\frac{g-1}{2}})$$

$$+4\Phi(P_{\frac{g-1}{2}})\Phi(P_{\frac{g-1}{2}}^{0})+4\Phi(P_{\frac{g-1}{2}})\Phi(P_{\frac{g-3}{2}}^{0})\Big].\qquad(3-2-17)$$

由定理 1.4.3 中(1)和(2)，我们有

$$\Phi(P_{\frac{g-1}{2}}^{0})+\Phi(P_{\frac{g-3}{2}}^{0})=\frac{1}{x}\Big[\Phi(P_{\frac{g+1}{2}})+2\Phi(P_{\frac{g-1}{2}})+\Phi(P_{\frac{g-3}{2}})\Big]$$

$$=\Phi(P_{\frac{g-1}{2}}).$$

把上述等式代入式(3-2-17)，我们有

$$\Phi(C_g)-\Phi(P_g)+\frac{1}{x}\Phi(P_{\frac{g-1}{2}})\Phi(P_{\frac{g+1}{2}})$$

$$=\frac{1}{x}\Big[-\Phi(P_{\frac{g-1}{2}})\Phi(P_{\frac{g+1}{2}})+2\Phi(P_{\frac{g-1}{2}})\Phi(P_{\frac{g-1}{2}})\Big].$$

注意到

$$0<\alpha<\alpha(P_{g-i+1})\leqslant\alpha(P_{\frac{g+1}{2}}).$$

从而公式(3-2-8)成立.

假如 g 是偶数，由公式(3-2-16)，我们有

$$\Phi(C_g)-\Phi(P_g)+\frac{1}{x}\Phi(P_{\left[\frac{g}{2}\right]})\Phi(P_{g-\left[\frac{g}{2}\right]})$$

$$= \Phi(C_g) - \Phi(P_g) + \frac{1}{x}\Phi(P_{\frac{g}{2}})\Phi(P_{\frac{g}{2}})$$

$$= \frac{1}{x}\Big[-\Phi(P_{\frac{g}{2}})\Phi(P_{\frac{g}{2}}) - 2\Phi(P_{\frac{g}{2}})\Phi(P_{\frac{g}{2}-1})$$

$$+ 4\Phi(P_{\frac{g}{2}})\Phi(P_{\frac{g}{2}-1}^0) + 4\Phi(P_{\frac{g}{2}})\Phi(P_{\frac{g}{2}-2}^0)\Big].$$

与 g 是奇数的情形的证明相类似,我们有式(3-2-8)成立.

情形2　假如 $k = 1$,则 $l = 1$. 由定理 1.4.2,容易计算

$$\Phi(U_{1,1}) = (x-1)^2\Phi(C_g) + (2-2x)\Phi(P_g) + \Phi(P_{i-1})\Phi(P_{g-i+1})$$

和

$$\Phi(U_{2,0}) = (x^2 - 3x + 1)\Phi(C_g) - (x-2)\Phi(P_g).$$

从而,我们有

$$\Phi(U_{1,1}) - \Phi(U_{2,0}) = \frac{1}{x}\Big[\Phi(C_g) - \Phi(P_g) + \frac{1}{x}\Phi(P_{i-1})\Phi(P_{g-i+1})\Big].$$

与情形 1 的证明类似,结论成立.

在文献[25]中,Fallat 等证明了如下结果.

引理 3.2.5　固定 n 且设 $n \geqslant \dfrac{3g-1}{2}$,$g \geqslant 4$,则有 $\alpha(C_{n,g}) > \alpha(C_{n,g-1})$.

显然,如下结果是上述结果的一个推广.

定理 3.2.1　设 $g \geqslant 4$,则 $\alpha(C_{n,g}) > \alpha(C_{n,g-1})$.

证明　由引理 3.2.5,我们可以假定 $n < \dfrac{3g-1}{2}$. 分别考虑 $C_{n,g}$ 和 $C_{n,g-1}$ 的特征多项式 $\Phi(C_{n,g})$ 和 $\Phi(C_{n,g-1})$.

由定理 1.4.2,对 $n \geqslant g+1$,我们有

$$\Phi(C_{n,g}) = \Phi(C_g)\Phi(P_{n-g}) - \Phi(P_{g-1}^{00})\Phi(P_{n-g}) - \Phi(C_g)\Phi(P_{n-g-1}^0)$$

和

$$\Phi(C_{n,\,g-1}) = \Phi(C_{g,\,g-1})\Phi(P_{n-g}) - \Phi(C_{g-1}^0)\Phi(P_{n-g})$$

$$- \Phi(C_{g,\,g-1})\Phi(P_{n-g-1}^0),$$

其中 C_{g-1}^0 是 C_{g-1} 通过在 C_{g-1} 的某一点上添加一个环而得到,且 $\Phi(C_{g-1}^0) = \Phi(\boldsymbol{L}(C_{g-1}^0))$,这里设环对所对应的点的度贡献为 1.

从而,我们有

$$\Phi(C_{n,\,g}) - \Phi(C_{n,\,g-1})$$

$$= \Phi(P_{n-g})\big[\Phi(C_g) - \Phi(P_{g-1}^{00}) - \Phi(C_{g,\,g-1}) + \Phi(C_{g-1}^0)\big]$$

$$+ \Phi(P_{n-g-1}^0)\big[\Phi(C_{g,\,g-1}) - \Phi(C_g)\big]. \tag{3-2-18}$$

容易证明 $\Phi(C_{g-1}^0) = \Phi(C_{g-1}) - \Phi(P_{g-2}^{00})$.

把上述方程代入式(3-2-18)的前一部分,由定理 1.4.3 的(1),(3)—(5),我们有

$$\Phi(C_g) - \Phi(P_{g-1}^{00}) - \Phi(C_{g,\,g-1}) + \Phi(C_{g-1}^0)$$

$$= \frac{1}{x}\Phi(P_{g+1}) - \frac{1}{x}\Phi(P_{g-1}) + 2(-1)^{g+1} - \frac{1}{x}\Phi(P_g)$$

$$- (x-1)\Phi(C_{g-1}) + \Phi(P_{g-1}) + \Phi(C_{g-1}) - \frac{1}{x}\Phi(P_{g-1})$$

$$= \frac{1}{x}\Phi(P_{g+1}) - \frac{2}{x}\Phi(P_{g-1}) + 2(-1)^{g+1} - \frac{1}{x}\Phi(P_g) + \Phi(P_{g-1})$$

$$- (x-2)\Big[\frac{1}{x}\Phi(P_g) - \frac{1}{x}\Phi(P_{g-2}) + 2(-1)^g\Big]$$

$$= \frac{1}{x}\big[\Phi(P_{g+1}) - (x-2)\Phi(P_g)\big] - \frac{1}{x}\big[\Phi(P_g) - (x-2)\Phi(P_{g-1})\big]$$

$$+ \frac{(x-2)}{x}\Phi(P_{g-2}) + 2(x-1)(-1)^{g+1}$$

$$=-\frac{1}{x}\Phi(P_{g-1})+\frac{1}{x}\Phi(P_{g-2})+\frac{x-2}{x}\Phi(P_{g-2})+2(x-1)(-1)^{g+1}$$

$$=\frac{1}{x}\left[-\Phi(P_{g-1})+x\Phi(P_{g-2})-\Phi(P_{g-2})\right]+2(x-1)(-1)^{g+1}$$

$$=\frac{1}{x}\left[\Phi(P_{g-2})+\Phi(P_{g-3})\right]+2(x-1)(-1)^{g+1}. \qquad (3-2-19)$$

由定理 1.4.3 的(1),(4)和(5),我们有

$$\Phi(C_{g,\,g-1})-\Phi(C_g)$$

$$=(x-1)\Phi(C_{g-1})-\Phi(P_{g-1})-\Phi(C_g)$$

$$=(x-1)\left[\frac{1}{x}\Phi(P_g)-\frac{1}{x}\Phi(P_{g-2})+2(-1)^g\right]-\Phi(P_{g-1})$$

$$\quad-\frac{1}{x}\Phi(P_{g+1})+\frac{1}{x}\Phi(P_{g-1})-2(-1)^{g+1}$$

$$=\frac{1}{x}\left[(x-1)\Phi(P_g)-\Phi(P_{g+1})\right]-\frac{x-1}{x}\left[\Phi(P_{g-1})+\Phi(P_{g-2})\right]$$

$$\quad+2x(-1)^g$$

$$=\frac{1}{x}\left[\Phi(P_g)+\Phi(P_{g-1})\right]-\frac{x-1}{x}\left[\Phi(P_{g-1})+\Phi(P_{g-2})\right]$$

$$\quad+2x(-1)^g$$

$$=\frac{1}{x}\left[\Phi(P_g)-(x-2)\Phi(P_{g-1})\right]-\frac{x-1}{x}\Phi(P_{g-2})+2x(-1)^g$$

$$=-\frac{1}{x}\Phi(P_{g-2})-\frac{x-1}{x}\Phi(P_{g-2})+2x(-1)^g$$

$$=-\Phi(P_{g-2})-2x(-1)^{g+1}. \qquad (3-2-20)$$

把公式(3-2-19),公式(3-2-20)和定理 1.4.3(2)代入公式(3-2-18),
我们有

$$\Phi(C_{n,\,g}) - \Phi(C_{n,\,g-1})$$

$$= \Phi(P_{n-g}) \left[\frac{1}{x} \Phi(P_{g-2}) + \frac{1}{x} \Phi(P_{g-3}) + 2(x-1)(-1)^{g+1} \right]$$

$$+ \left[\frac{1}{x} \Phi(P_{n-g}) + \frac{1}{x} \Phi(P_{n-g-1}) \right] \left[-\Phi(P_{g-2}) - 2x(-1)^{g+1} \right]$$

$$= \frac{1}{x} \left[\Phi(P_{n-g}) \Phi(P_{g-3}) - \Phi(P_{n-g-1}) \Phi(P_{g-2}) \right]$$

$$+ 2(-1)^{g+1} \left[(x-2) \Phi(P_{n-g}) - \Phi(P_{n-g-1}) \right].$$

由定理 1.4.3(1) 且多次应用定理 1.4.5(1)，我们有

$$\Phi(C_{n,\,g}) - \Phi(C_{n,\,g-1})$$

$$= \Phi(P_{2g-n-2}) + 2(-1)^{g+1} \Phi(P_{n-g+1}) \ (2g-n-2 \geqslant 0).$$

$$(3-2-21)$$

由引理 1.3.1，我们有 $\alpha(C_{n,\,g-1}) \leqslant \alpha(P_{n-g+1})$.

我们分如下两种情形：

情形 1　$\alpha(C_{n,\,g-1}) \geqslant \tau(P_{n-g+1}^{0})$. 由定理 1.3.5 和定理 1.4.3(3)，我们有

$$\alpha(C_{n,\,g-1}) \leqslant \tau(P_{g-2}^{00}) = \alpha(P_{g-1}).$$

从而，我们有 $\tau(P_{n-g+1}^{0}) \leqslant \alpha(P_{g-1})$.

因为 $2g-n-2 < g-1$，我们有 $\alpha(C_{n,\,g-1}) < \alpha(P_{2g-n-2}) \ (2g-n-2 \geqslant 2)$. 从而，由式 $(3-2-21)$，对 $n \leqslant 2g-2$，我们有

$$(-1)^{n-1} \left[\Phi(C_{n,\,g};\, \alpha(C_{n,\,g-1})) - \Phi(C_{n,\,g-1};\, \alpha(C_{n,\,g-1})) \right] > 0.$$

$$(3-2-22)$$

由引理 3.2.2，我们有 $\alpha(C_{n,\,g-1}) < \mu_{n-2}(C_{n,\,g})$. 由于 $n < \dfrac{3g-1}{2} \leqslant 2g-2$，我们有 $2g-n-2 \geqslant 0$. 由公式 $(3-2-22)$，我们有 $\alpha(C_{n,\,g}) > \alpha(C_{n,\,g-1})$.

情形 2　$\alpha(C_{n, g-1}) < \tau(P^0_{n-g+1})$. 由引理 3.1.3，我们有 $\alpha(C_{n, g-1}) < \tau(P^0_{n-g})$. 对 $C_{n, g}$ 中点按如下方式标号：悬挂路被标号为 $1, 2, \cdots, n-g$；圈被标号为 $n-g+1, n-g+2, \cdots, n$，其中 1 是悬挂点，$i(i+1) \in E(C_{n, g})$，$1 \leqslant i \leqslant n-1$，$(n-g+1)n \in E(C_{n, g})$.

设 X 是 $C_{n, g}$ 的一个单位 Fiedler 向量. 不失一般性，我们可以假定 $X(1) \geqslant 0$. 由公式 $(3-1-4)$，我们有

$$X(i) \geqslant 0, \quad i = 1, 2, \cdots, n-g+1.$$

因为 $\sum_{i=1}^{n} X(i) = 0$ 和 $X \neq 0$，则在圈上存在某一个点，设为 i，满足

$$X(i) < 0, \quad n-g+2 \leqslant i \leqslant n.$$

进一步，我们可以假定

$$X(j) \geqslant 0, \quad n-g+1 \leqslant j \leqslant i-1.$$

由 $(D(C_{n, g}) - A(C_{n, g}))X = \alpha(C_{n, g})X$，我们有

$$(2 - \alpha(C_{n, g}))X(i) = X(i-1) + X(i+1).$$

从而有

$$X(i+1) < 0 \text{ 和 } |X(i+1)| > |X(i)|.$$

（a）$X(i+2) \geqslant 0$. 令

$$C^1_{n, g-1} = C_{n, g} - (i+1)(i+2) + i(i+2),$$

则我们有

$$\alpha(C_{n, g}) - X^{\mathrm{T}}L(C^1_{n, g-1})X$$
$$= X^{\mathrm{T}}L(C_{n, g})X - X^{\mathrm{T}}L(C^1_{n, g-1})X$$
$$= (X(i+1) - X(i+2))^2 - (X(i) - X(i+2))^2 > 0.$$

因此，由引理 3.2.4，我们有

$$\alpha(C_{n, g}) > \alpha(C_{n, g-1}^1) > \alpha(C_{n, g-1}).$$

(b) $\boldsymbol{X}(i+2) < 0$ 和 $|\boldsymbol{X}(i+2)| \leqslant |\boldsymbol{X}(i+1)|$.

假如 $|\boldsymbol{X}(i+2)| \geqslant |\boldsymbol{X}(i)|$, 则令

$$C_{n, g-1}^2 = C_{n, g} - i(i+1) + i(i+2).$$

我们有

$$\alpha(C_{n, g}) - \boldsymbol{X}^{\mathrm{T}} \boldsymbol{L}(C_{n, g-1}^2) \boldsymbol{X}$$
$$= \boldsymbol{X}^{\mathrm{T}} \boldsymbol{L}(C_{n, g}) \boldsymbol{X} - \boldsymbol{X}^{\mathrm{T}} \boldsymbol{L}(C_{n, g-1}^2) \boldsymbol{X}$$
$$= (\boldsymbol{X}(i) - \boldsymbol{X}(i+1))^2 - (\boldsymbol{X}(i) - \boldsymbol{X}(i+2))^2 \geqslant 0.$$

从而, 由引理 3.2.4, 我们有

$$\alpha(C_{n, g}) \geqslant \alpha(C_{n, g-1}^2) > \alpha(C_{n, g-1}).$$

假如 $|\boldsymbol{X}(i+2)| < |\boldsymbol{X}(i)|$, 则令

$$C_{n, g-1}^3 = C_{n, g} - (i+1)(i+2) + i(i+2).$$

我们有

$$\alpha(C_{n, g}) - \boldsymbol{X}^{\mathrm{T}} \boldsymbol{L}(C_{n, g-1}^3) \boldsymbol{X}$$
$$= \boldsymbol{X}^{\mathrm{T}} \boldsymbol{L}(C_{n, g}) \boldsymbol{X} - \boldsymbol{X}^{\mathrm{T}} \boldsymbol{L}(C_{n, g-1}^3) \boldsymbol{X}$$
$$= (\boldsymbol{X}(i+1) - \boldsymbol{X}(i+2))^2 - (\boldsymbol{X}(i) - \boldsymbol{X}(i+2))^2 \geqslant 0.$$

由引理 3.2.4, 我们有

$$\alpha(C_{n, g}) \geqslant \alpha(C_{n, g-1}^3) > \alpha(C_{n, g-1}).$$

(c) $\boldsymbol{X}(i+2) < 0$ 和 $|\boldsymbol{X}(i+2)| > |\boldsymbol{X}(i+1)|$.

注意到 $\boldsymbol{X}(n-g+1) \geqslant 0$. 与上面相同的讨论, 我们可以构造一个单圈图 $C_{n, g-1}^4$: 是由 $C_{n, g}$ 通过去掉某一条边 $k(k+1)$(或$(k+1)(k+2)$), 然后再添加一条新边 $k(k+2)$ 而得到, 其中 $k(i \leqslant k \leqslant n-g-1)$ 是圈上的某一

点,且满足 $\alpha(C_{n,\,g}) \geqslant \alpha(C_{n,\,g-1}^4)$.

由引理 3.2.4,我们有

$$\alpha(C_{n,\,g}) \geqslant \alpha(C_{n,\,g-1}^4) > \alpha(C_{n,\,g-1}).$$

证毕.

下面,我们给出上述猜想的证明.

定理 3.2.2 设 G 是一个顶点数为 n、围长为 $g \geqslant 3$ 的连通图,则 $\alpha(G) \geqslant \alpha(C_{n,\,g})$,等式成立,当且仅当 $G \cong C_{n,\,g}$.

证明 由引理 1.3.1,我们只需要证明结论对围长为 $g \geqslant 3$ 的单圈图成立.下面,我们假定 G 是一个围长为 $g \geqslant 3$ 的单圈图.不失一般性,设 G 的圈 C_g 上的点为 v_1,v_2,$\cdots$,v_g,则去掉点 v_i,不含圈上的点的那些分支(若有)是一个森林,记为 $T_i (1 \leqslant i \leqslant g)$.

对单圈图 G,设在圈 C_g 上恰好有 $k (1 \leqslant k \leqslant g)$ 个点 v_{i_1},v_{i_2},$\cdots$,v_{i_k} 使得 $|V(T_{i_j})| \neq 0$,$j = 1$,2,$\cdots$,k.我们分如下两种情形:

情形 1 $k = 1$.假如 $n \leqslant g+1$ 或 $G = C_{n,\,g}$,结论显然成立.以下,我们假定 $G \neq C_{n,\,g}$ 且 $n \geqslant g+2$.

对 G 多次应用定理 3.1.1,我们可以得到一个单圈图 $U_{n,\,g}^1$ 满足 $\alpha(G) \geqslant \alpha(U_{n,\,g}^1)$,其中 $U_{n,\,g}^1$ 是由 $C_{n-1,\,g}$ 在其悬挂路的某个非悬挂点上引出一条新的悬挂边而得到.

令 $\boldsymbol{X}$ 是对应于图 $U_{n,\,g}^1$ 的一个单位 Fiedler 向量.假如 $\boldsymbol{X}(u) = 0$ 且 $\boldsymbol{X}(v) = 0$,其中 u 和 v 分别是 $U_{n,\,g}^1$ 上的两个悬挂点,则由 $(D(U_{n,\,g}^1) - A(U_{n,\,g}^1))\boldsymbol{X} = \alpha(U_{n,\,g}^1)\boldsymbol{X}$,对 $C_{n-1,\,g}$ 的悬挂路上的任意一点 w,有 $\boldsymbol{X}(w) = 0$.由引理 1.3.1,我们有

$$\alpha(C_{g+1,\,g}) = \alpha(C_g) = \alpha(U_{n,\,g}^1).$$

把上面的公式与定理 3.2.1 相结合,我们有

$$4\sin^2\frac{\pi}{g}=\alpha(C_g)=\alpha(C_{g+1,g})<\alpha(C_{g+1})=4\sin^2\frac{\pi}{g+1},$$

得到矛盾.

　　因此,我们有要么 $\boldsymbol{X}(u)\neq 0$ 要么 $\boldsymbol{X}(v)\neq 0$. 由定理 3.1.1,结论成立.

　　情形 2　$2\leqslant k\leqslant g$. 由定理 3.1.1,存在某一个单圈图 $U_{n,g}^k$ 具有如下性质:对 v_{i_1},v_{i_2},$\cdots$,v_{i_k} 中的每一个点,去掉该点后恰好有两个连通分支,不含圈上点的分支是一条路且 $\alpha(G)\geqslant\alpha(U_{n,g}^k)$.

　　进一步,由引理 3.2.3,存在一个单圈图 $U_{n,g}^2$ 具有如下性质:在圈上恰好有两个点,不妨设为 v_{i_j} 和 v_{i_h},去掉每一个点后恰好有两个连通分支,不含圈上点的分支是一条路且 $\alpha(U_{n,g}^k)\geqslant\alpha(U_{n,g}^2)$. 由引理 3.2.4,结论成立. ∎

　　由定理 3.2.1 和定理 3.2.2,我们有如下结果.

　　推论 3.2.1　设 G 是顶点数为 n、围长为 $g\geqslant 3$ 的连通图,则有 $\alpha(G)\geqslant\alpha(C_{n,3})$,等式成立,当且仅当 $G\cong C_{n,3}$.

　　小结:在本章中,我们考察了对图进行嫁接运算后,图的代数连通度的变化情况;进一步,利用该结果及在第 1 章中所发展的图的拉普拉斯特征多项式理论,我们完全解决了 Fallat 和 Kirkland 在 1998 年提出的关于具有固定围长的连通图的代数连通度的一个猜想.

第4章

树的拉普拉斯特征值

众所周知,在研究一些困难的图论问题时,树往往起到非常重要的作用.在本章中,我们将专门来研究树的拉普拉斯特征值.

4.1 树的拉普拉斯谱半径

设 $T_{(n,d)}$ 是顶点数为 n、直径为 d 的树的集合.在本节中,我们将给出集合 $T_{(n,d)} (3 \leqslant d \leqslant n-3)$ 中的前 $\left\lfloor \dfrac{d}{2} \right\rfloor +1$ 个具有较大拉普拉斯谱半径的树.我们首先给出如下已知结果.

引理 4.1.1[40] 设 $v_1 v_2 \cdots v_k (k \geqslant 2)$ 是树 T 的一条内路,令 $\widetilde{T}$ 是由 T 通过把整个内路合并为一个点且去掉由此而产生的环而得到,则有 $\mu(\widetilde{T}) > \mu(T)$.

由推论 1.3.2 和引理 4.1.1,我们有

推论 4.1.1 设 u 是树 T 的一个点,其度 $d(u) \geqslant 3$ 且 uv_1, uv_2, $\cdots$, $uv_k (k \leqslant d(u))$ 是 T 的边.令 $T_i (i = 1, \cdots, k)$ 是 $T-uv_i$ 后包含点 v_i 的连通分支,设 $|V(T_i)| = n_i$ 和 $n^* = \sum_{i=1}^{k} n_i$.设 $\hat{T}$ 是由点集合 $V(T) \backslash$

$\bigcup_{i=1}^{k} V(T_i)$ 所产生的 T 的诱导子图在点 u 引出 n^* 条新的悬挂边而得到. 则有 $\mu(T) \leqslant \mu(\hat{T})$, 等式成立, 当且仅当 $\hat{T} \cong T$.

引理 4.1.2[41]　设 w 是连通图 G 的一个割点, 假如 $G-w$ 的每一个连通分支中至多有 r 个点, 则有 $\mu_2(G) \leqslant r+1$.

记 $N_G(u) = \{w: w \in V(G), wu \in E(G)\}$. 我们有

引理 4.1.3[54]　设 u, v 是树 T 中的两个不同点, $v_1, v_2, \cdots, v_s (1 \leqslant s \leqslant d(v))$ 和 $u_1, u_2, \cdots, u_t (1 \leqslant t \leqslant d(u))$ 分别是 $N_T(v) \backslash \{u\}$ 和 $N_T(u) \backslash \{v\}$ 中的点. 令

$$T_u = T - vv_1 - vv_2 - \cdots - vv_s + uv_1 + uv_2 + \cdots + uv_s$$

和

$$T_v = T - uu_1 - uu_2 - \cdots - uu_t + vu_1 + vu_2 + \cdots + vu_t.$$

则我们有 $\mu(T_u) > \mu(T)$ 或 $\mu(T_v) > \mu(T)$.

设 $T_3(s, t)$ 是在推论 1.4.1 的上方所定义的有 $n = s+t+2$ 个顶点的树. 则有

推论 4.1.2　设 T 是有 n 个顶点的树, $\Delta(T) \leqslant s+1$, 则有 $\mu(T) \leqslant \mu(T_3(s, t))$, 等式成立, 当且仅当 $T \cong T_3(s, t)$.

证明　设 $v \in V(T)$ 且 $d(v) = \Delta(T)$. 固定点 v, 考虑 T 的那些与悬挂点相邻接的点 (即 T 的准悬挂点). 由引理 4.1.3, 我们可以构造一个树 T_1 是由路 $P_k(k \geqslant 2)$ 通过在两个悬挂点分别引出一些悬挂边而得到且满足

$$\mu(T) \leqslant \mu(T_1),$$

等式成立, 当且仅当 $T \cong T_1$. 进一步, 存在一个点 $u \in V(T_1)$ 满足 $d_{T_1}(u) = \Delta(T)$. 由定理 2.4.1 和推论 1.3.2, 我们有

$$\mu(T_1) \leqslant \mu(T_3(\Delta-1, n-\Delta-1)), \qquad (4\text{-}1\text{-}1)$$

等式成立, 当且仅当 $T_1 \cong T_3(\Delta-1, n-\Delta-1)$.

因为 $T \neq K_{1, n-1}$，则存在 T 的至少两个与悬挂点相邻接的点. 设 $w(\neq v)$ 是 T 的一个与悬挂点相邻接的点，考虑点 w 和 v. 由引理 4.1.3，我们可以构造一个树 T_2 满足 $\Delta(T_2) = \Delta(T) + 1$ 使得 $\mu(T) < \mu(T_2)$.

通过与导出式 (4-1-1) 类似的推理，我们有

$$\mu(T) < \mu(T_2) \leqslant \mu(T_3(\Delta, \, n-\Delta-2)).$$

对 $s - \Delta + 1$ 利用数学归纳法，结论成立. ■

下面，我们引进树的集合 $T_{(n, d)}$ 的一些子集 $T'_{(n, d)}$，$T^*_{(n, d)}$ 和 $\widetilde{T}_{(n, d)}$.

设 n, d, i 是整数且满足 $2 \leqslant i \leqslant d \leqslant n-2$，$T_{(n, d)}(i)$ 是顶点数为 n、直径为 d 的树，是由长为 d 的路 $P_{d+1} : v_1 v_2 \cdots v_d v_{d+1}$ 通过在点 v_i 引出 $n-d-1$ 条新的悬挂边 $v_i v_{d+2}$，$v_i v_{d+3}$，$\cdots$，$v_i v_{n-1}$ 和 $v_i v_n$ 而得到（图 4-1-1）. 易见

$$T_{(n, d)}(i) = T_{(n, d)}(d+2-i) \quad (2 \leqslant i \leqslant d).$$

令

$$T'_{(n, d)} = \{T_{(n, d)}(i) : i = 2, 3, \cdots, d\}$$

是集合 $T_{(n, d)}$ 的一个子集；

$$T' = T_{(n, d)}\left(\left\lfloor \frac{d}{2} \right\rfloor + 1\right).$$

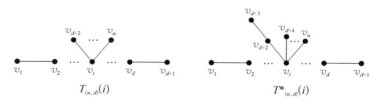

图 4-1-1

设 $T^*_{(n, d)}(i) \ (3 \leqslant i \leqslant d-1)$ 是顶点数为 n、直径为 d 的树，是由长为 d 的路 $P_{d+1} : v_1 v_2 \cdots v_d v_{d+1}$ 通过在点 v_i 分别引出一条长为 2 的新的悬挂路

P_3：$v_i v_{d+2} v_{d+3}$ 和 $n-d-3$ 条新的悬挂边 $v_i v_{d+4}$，$v_i v_{d+5}$，$\cdots$，$v_i v_n$ 而得到（图 4-1-1）. 易见

$$T^*_{(n,d)}(i) = T^*_{(n,d)}(d+2-i)\ (3 \leqslant i \leqslant d-1).$$

令

$$T^*_{(n,d)} = \{T^*_{(n,d)}(i)\colon i = 3, 4, \cdots, d-1\}$$

是集合 $T_{(n,d)}$ 的一个子集；

$$T^* = T^*_{(n,d)}\left(\left\lfloor \frac{d}{2} \right\rfloor + 1\right).$$

设 $\widetilde{T}_{(n,d)}(i)$ 是顶点数为 n、直径为 d 的树，是由长为 d 的路 P_{d+1}：$v_1 v_2 \cdots v_d v_{d+1}$ 和星图 $K_{1,\,n-d-2}$ 通过用一条边连接路 P_{d+1} 的点 $v_i (3 \leqslant i \leqslant d-1)$ 和星图的中心 v_{d+2} 而得到（图 4-1-2）. 易见

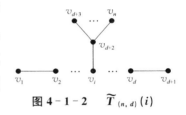

图 4-1-2　$\widetilde{T}_{(n,d)}(i)$

$$\widetilde{T}_{(n,d)}(i) = \widetilde{T}_{(n,d)}(d-i+2)\ (3 \leqslant i \leqslant d-1).$$

令

$$\widetilde{T}_{(n,d)} = \{\widetilde{T}_{(n,d)}(i)\colon i = 3, 4, \cdots, d-1\}$$

是集合 $T_{(n,d)}$ 的一个子集；

$$\widetilde{T} = \widetilde{T}_{(n,d)}\left(\left\lfloor \frac{d}{2} \right\rfloor + 1\right).$$

引理 4.1.4　对任意的 $2 \leqslant j < i \leqslant \left\lfloor \dfrac{d}{2} \right\rfloor + 1$，我们有 $\mu(T_{(n,d)}(i)) > \mu(T_{(n,d)}(j))$. 因此，对任意的树 $T \in T'_{(n,d)}$ 有 $\mu(T) \leqslant \mu(T')$，等式成立，当

且仅当 $T \cong T'$.

证明 为了证明本结论,我们只需要证明 $j = i - 1$ 的情况. 在推论 2.2.1 中取 $v = v_i$, $P = v_1 v_2 \cdots v_i$ 和 $Q = v_i v_{i+1} \cdots v_{d+1}$,结论成立. ∎

推论 4.1.3 若 $n = d + 2$,则在集合 $T'_{(n,d)}$ 中,按照拉普拉斯谱半径从大到小对树进行排序,前 $\left\lfloor \dfrac{d}{2} \right\rfloor$ 个树如下:

$$T' = T_{(n,d)} \left(\left\lfloor \frac{d}{2} \right\rfloor + 1 \right), \ T_{(n,d)} \left(\left\lfloor \frac{d}{2} \right\rfloor \right), \ \cdots, \ T_{(n,d)}(3), \ T_{(n,d)}(2).$$

通过与引理 4.1.4 类似的讨论,我们得到如下两个结果:

引理 4.1.5 对任意的 $3 \leqslant j < i \leqslant \left\lfloor \dfrac{d}{2} \right\rfloor + 1$,我们有 $\mu(T^*_{(n,d)}(i)) > \mu(T^*_{(n,d)}(j))$. 因此,对任意的树 $T \in T^*_{(n,d)}$ 有 $\mu(T) \leqslant \mu(T^*)$,等式成立,当且仅当 $T \cong T^*$.

引理 4.1.6 对任意的 $3 \leqslant j < i \leqslant \left\lfloor \dfrac{d}{2} \right\rfloor + 1$,我们有 $\mu(\widetilde{T}_{(n,d)}(i)) > \mu(\widetilde{T}_{(n,d)}(j))$. 因此,对任意的树 $T \in \widetilde{T}_{(n,d)}$ 有 $\mu(T) \leqslant \mu(\widetilde{T})$,等式成立,当且仅当 $T \cong \widetilde{T}$.

引理 4.1.7 对 $d \geqslant 4$ 和 $n \geqslant d + 3$,我们有

$$\mu(T^*) \geqslant \mu(\widetilde{T}),$$

等式成立,当且仅当 $n = d + 3$.

证明 假如 $n = d + 3$,易见 $T^* \cong \widetilde{T}$,则我们有 $\mu(T^*) = \mu(\widetilde{T})$. 以下,我们假定 $n \geqslant d + 4$. 考虑树 $\widetilde{T}$. 注意到 $d(v_{\lfloor \frac{d}{2} \rfloor + 1}) = 3$ 和 $d(v_{d+2}) \geqslant 3$. 由引理 4.1.1,我们有

$$\mu(\widetilde{T}) < \mu\left(T_{(n-1,d)} \left(\left\lfloor \frac{d}{2} \right\rfloor + 1 \right) \right).$$

把上述不等式与推论 1.3.2 相结合,我们有

$$\mu(\widetilde{T}) < \mu\left(T_{(n-1, d)}\left(\left\lfloor \frac{d}{2} \right\rfloor + 1\right)\right) \leqslant \mu(T^*).$$

证毕.

令 n, d, i, j 是整数且满足 $i \neq j$ 和 $2 \leqslant i, j \leqslant d \leqslant n-3$. 下面,我们引进树的集合 $T_{(n, d)}$ 的另一个子集 $T''_{(n, d)}$. 设 $T_{(n, d)}(i, j)$ 是顶点数为 n、直径为 d 的树,是由长为 d 的路 P_{d+1}: $v_1 v_2 \cdots v_d v_{d+1}$ 通过在点 v_i 引出 $n-d-2$ 条新的悬挂边 $v_i v_{d+2}$, $v_i v_{d+3}$, $\cdots$, $v_i v_{n-1}$;在点 v_j 引出一条新的悬挂边 $v_j v_n$ 而得到(图 4-1-3). 易见

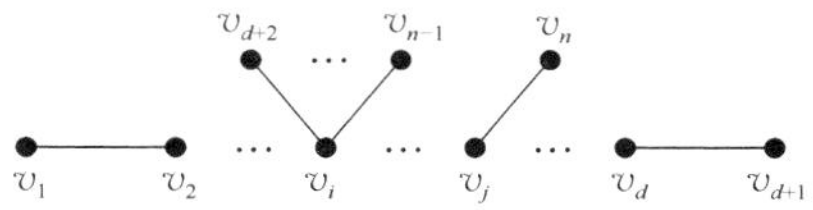

图 4-1-3　$T_{(n, d)}(i, j)$

$$T_{(n, d)}(i, j) = T_{(n, d)}(d+2-i, d+2-j) \quad (2 \leqslant i, j \leqslant d).$$

因此,不失一般性,以下对 $T_{(n, d)}(i, j)$,总是假定 $i < j$. 令

$$T''_{(n, d)} = \{T_{(n, d)}(i, j) : 2 \leqslant i < j \leqslant d\}$$

是集合 $T_{(n, d)}$ 的一个子集;

$$T'' = T_{(n, d)}\left(\left\lfloor \frac{d}{2} \right\rfloor + 1, \left\lfloor \frac{d}{2} \right\rfloor + 2\right).$$

引理 4.1.8　对任意的 $2 \leqslant i < j \leqslant d \leqslant n-3$,我们有

$$\mu(T_{(n, d)}(i, j)) \leqslant \mu(T''),$$

等式成立,当且仅当 $T_{(n, d)}(i, j) \cong T''$.

证明　为了证明上述结果,我们只需要证明如下结论:

(1) 对 $d \geqslant j \geqslant i+2$,有 $\mu(T_{(n, d)}(i, j)) < \mu(T_{(n, d)}(i, i+1))$ 成立;

(2) 对 $2 \leqslant i \leqslant \left\lfloor \dfrac{d}{2} \right\rfloor$,有 $\mu(T_{(n, d)}(i, i+1)) \leqslant \mu(T_{(n, d)}(i+1, i+2))$

成立,等式成立,当且仅当 $n = d+3$ 和 $d = 2i$(在此情况下,$T_{(n,d)}(i, i+1) \cong T''$);

(3) 对 $d-2 \geqslant i \geqslant \left\lfloor \dfrac{d}{2} \right\rfloor + 1$,有 $\mu(T_{(n,d)}(i, i+1)) > \mu(T_{(n,d)}(i+1, i+2))$ 成立.

我们首先证明(1)成立. 注意到树 $T_{(n,d)}(i, j)$ 可以由 $T_{(n-1,d-1)}(i, j-1)$ 通过剖分其内路 $v_i v_{i+1} \cdots v_{j-1}$ 上的一条边 $v_i v_{i+1}$ 而得到,且 $T_{(n-1,d-1)}(i, j-1)$ 是 $T_{(n,d)}(i, j-1)$ 的一个真子图. 因此,由定理 2.4.1 和推论 1.3.1,对 $j \geqslant i+2$,我们有

$$\mu(T_{(n,d)}(i, j)) < \mu(T_{(n-1,d-1)}(i, j-1)) \leqslant \mu(T_{(n,d)}(i, j-1)).$$

对 $j-i$ 利用归纳假设,对 $j \geqslant i+2$ 有

$$\mu(T_{(n,d)}(i, j)) < \mu(T_{(n,d)}(i, i+1)).$$

我们完成了(1)的证明.

其次,我们证明(2)成立. 对树 $T_{(n,d)}(i, i+1)$ 使用定理 1.4.2 两次(第一次,取 $u = v_i$,$v = v_{i+1}$;第二次,取 $u = v_{i-1}$,$v = v_i$),我们有

$$
\begin{aligned}
&\Phi(T_{(n,d)}(i, i+1)) \\
&= \left[\Phi(P_{i-1})\Phi(K_{1, n-d-2}) - (x-1)^{n-d-2}\Phi(P_{i-1}) \right. \\
&\quad \left. - \Phi(P_{i-2}^0)\Phi(K_{1, n-d-2})\right] \cdot \left[\Phi(P_{d-i+2}) - (x-1)\Phi(P_{d-i}^0)\right] \\
&\quad - (x-1)^{n-d-2}\Phi(P_{i-1}^0)\Phi(P_{d-i+2}) \\
&= \Phi(K_{1, n-d-2})\Phi(P_{i-1})\Phi(P_{d-i+2}) \\
&\quad - (x-1)\Phi(K_{1, n-d-2})\Phi(P_{i-1})\Phi(P_{d-i}^0) \\
&\quad - (x-1)^{n-d-2}\Phi(P_{i-1})\Phi(P_{d-i+2}) + (x-1)^{n-d-1}\Phi(P_{i-1})\Phi(P_{d-i}^0) \\
&\quad - \Phi(K_{1, n-d-2})\Phi(P_{i-2}^0)\Phi(P_{d-i+2}) \\
&\quad + (x-1)\Phi(K_{1, n-d-2})\Phi(P_{i-2}^0)\Phi(P_{d-i}^0)
\end{aligned}
$$

$$- (x-1)^{n-d-2}\Phi(P_{i-1}^0)\Phi(P_{d-i+2}).$$

类似的,我们有

$$\Phi(T_{(n,d)}(i+1,\,i+2))$$

$$= \left[\Phi(P_i)\Phi(K_{1,\,n-d-2}) - (x-1)^{n-d-2}\Phi(P_i) - \Phi(P_{i-1}^0)\Phi(K_{1,\,n-d-2})\right]$$

$$\bullet \left[\Phi(P_{d-i+1}) - (x-1)\Phi(P_{d-i-1}^0)\right] - (x-1)^{n-d-2}\Phi(P_i^0)\Phi(P_{d-i+1})$$

$$= \Phi(K_{1,\,n-d-2})\Phi(P_i)\Phi(P_{d-i+1}) - (x-1)\Phi(K_{1,\,n-d-2})\Phi(P_i)\Phi(P_{d-i-1}^0)$$

$$- (x-1)^{n-d-2}\Phi(P_i)\Phi(P_{d-i+1}) + (x-1)^{n-d-1}\Phi(P_i)\Phi(P_{d-i-1}^0)$$

$$- \Phi(K_{1,\,n-d-2})\Phi(P_{i-1}^0)\Phi(P_{d-i+1}) - (x-1)^{n-d-2}\Phi(P_i^0)\Phi(P_{d-i+1})$$

$$+ (x-1)\Phi(K_{1,\,n-d-2})\Phi(P_{i-1}^0)\Phi(P_{d-i-1}^0).$$

从而,由上述两个公式,我们有

$$\Phi(T_{(n,d)}(i,\,i+1)) - \Phi(T_{(n,d)}(i+1,\,i+2))$$

$$= \Phi(K_{1,\,n-d-2})\left[\Phi(P_{i-1})\Phi(P_{d-i+2}) - \Phi(P_i)\Phi(P_{d-i+1})\right]$$

$$+ (x-1)\Phi(K_{1,\,n-d-2})\left[\Phi(P_i)\Phi(P_{d-i-1}^0) - \Phi(P_{i-1})\Phi(P_{d-i}^0)\right]$$

$$+ (x-1)^{n-d-2}\left[\Phi(P_i)\Phi(P_{d-i+1}) - \Phi(P_{i-1})\Phi(P_{d-i+2})\right]$$

$$+ (x-1)^{n-d-1}\left[\Phi(P_{i-1})\Phi(P_{d-i}^0) - \Phi(P_i)\Phi(P_{d-i-1}^0)\right]$$

$$+ \Phi(K_{1,\,n-d-2})\left[\Phi(P_{i-1}^0)\Phi(P_{d-i+1}) - \Phi(P_{i-2}^0)\Phi(P_{d-i+2})\right]$$

$$+ (x-1)\Phi(K_{1,\,n-d-2})\left[\Phi(P_{i-2}^0)\Phi(P_{d-i}^0) - \Phi(P_{i-1}^0)\Phi(P_{d-i-1}^0)\right]$$

$$+ (x-1)^{n-d-2}\left[\Phi(P_i^0)\Phi(P_{d-i+1}) - \Phi(P_{i-1}^0)\Phi(P_{d-i+2})\right].$$

进一步,由定理 1.4.5,对 $2 \leqslant i \leqslant \left\lfloor \dfrac{d}{2} \right\rfloor$,我们有

$$\Phi(T_{(n,d)}(i,\,i+1)) - \Phi(T_{(n,d)}(i+1,\,i+2))$$

$$= -x\Phi(K_{1,\,n-d-2})\Phi(P_{d-2i+2}) + x(x-1)\Phi(K_{1,\,n-d-2})\Phi(P_{d-2i}^0)$$

$$+ x(x-1)^{n-d-2}\Phi(P_{d-2i+2}) - x(x-1)^{n-d-1}\Phi(P_{d-2i}^0)$$

$$+ \Phi(K_{1, n-d-2})\big[(x-1)\Phi(P_{d-2i+3}) - \Phi(P_{d-2i+4})\big]$$

$$+ (x-1)\Phi(K_{1, n-d-2})\big[\Phi(P^0_{d-2i+2}) - (x-1)\Phi(P^0_{d-2i+1})\big]$$

$$+ (x-1)^{n-d-2}\big[(x-1)\Phi(P_{d-2i+2}) - \Phi(P_{d-2i+3})\big].$$

把上面两个公式与定理 1.4.3 中的（1）和（2）相结合，对 $x \geqslant \mu(T_{(n, d)}(i, i+1)) \geqslant n-d+1$，我们有

$$\Phi(T_{(n, d)}(i, i+1)) - \Phi(T_{(n, d)}(i+1, i+2))$$

$$= \Phi(K_{1, n-d-2})\big[-(x-1)\Phi(P_{d-2i+1}) + x\Phi(P_{d-2i})\big]$$

$$\quad + (x-1)^{n-d-2}\big[x(x-2)\Phi(P_{d-2i+1}) - 2x\Phi(P_{d-2i})\big]$$

$$= x(x-1)^{n-d-3}\big[(n-d-3)(x-1)\Phi(P_{d-2i+1})$$

$$\quad + (x^2 - nx + dx - x + 2)\Phi(P_{d-2i})\big]$$

$$\geqslant 0,$$

等式成立,当且仅当 $n = d+3$ 和 $d = 2i$.

从而,我们有

$$\mu(T_{(n, d)}(i, i+1)) \leqslant \mu(T_{(n, d)}(i+1, i+2)),$$

等式成立,当且仅当 $n = d+3$ 和 $d = 2i$. (2)成立.

同理,我们可以证明(3)成立.

引理 4.1.9 对 $n \geqslant d+3 \geqslant 7$,我们有 $\mu(T'') > \mu(T^*)$.

证明 对 T^* 和 T'' 分别多次应用定理 1.4.2,我们有

$$\Phi(T^*) - \Phi(T'')$$

$$= x(x-1)^{n-d-2}\Phi(P^0_{d-\lfloor\frac{d}{2}\rfloor-1})\Phi(P^0_{\lfloor\frac{d}{2}\rfloor+1})$$

$$\quad - (n-d-2)x^2(x-1)^{n-d-3}\Phi(P^0_{d-\lfloor\frac{d}{2}\rfloor-1})\Phi(P^0_{\lfloor\frac{d}{2}\rfloor})$$

$$\quad - x(x-1)^{n-d-3}\Phi(P^0_{\lfloor\frac{d}{2}\rfloor+1})\Phi(P_{d-\lfloor\frac{d}{2}\rfloor})$$

$$\quad + x(x-1)^{n-d-3}\Phi(P^0_{\lfloor\frac{d}{2}\rfloor+1})\Phi(P^0_{d-\lfloor\frac{d}{2}\rfloor-1})$$

$$+ (n-d-3)x^2(x-1)^{n-d-4}\Phi(P_{\lfloor\frac{d}{2}\rfloor}^0)\Phi(P_{d-\lfloor\frac{d}{2}\rfloor})$$

$$- (n-d-3)x^2(x-1)^{n-d-4}\Phi(P_{\lfloor\frac{d}{2}\rfloor}^0)\Phi(P_{d-\lfloor\frac{d}{2}\rfloor-1}^0)$$

$$+ x(x-1)^{n-d-3}\Phi(P_{d-\lfloor\frac{d}{2}\rfloor})\Phi(P_{\lfloor\frac{d}{2}\rfloor}^0)$$

$$= x(x-1)^{n-d-3}\Phi(P_{\lfloor\frac{d}{2}\rfloor+1}^0)\big[x\Phi(P_{d-\lfloor\frac{d}{2}\rfloor-1}^0) - \Phi(P_{d-\lfloor\frac{d}{2}\rfloor})\big]$$

$$- x(nx-dx-2x-1)(x-1)^{n-d-4}\Phi(P_{\lfloor\frac{d}{2}\rfloor}^0)\big[x\Phi(P_{d-\lfloor\frac{d}{2}\rfloor-1}^0)$$

$$- \Phi(P_{d-\lfloor\frac{d}{2}\rfloor})\big].$$

由定理 1.4.3(2),我们有

$$\Phi(T^*) - \Phi(T'')$$

$$= x(x-1)^{n-d-3}\Phi(P_{\lfloor\frac{d}{2}\rfloor+1}^0)\Phi(P_{d-\lfloor\frac{d}{2}\rfloor-1})$$

$$- x(nx-dx-2x-1)(x-1)^{n-d-4}\Phi(P_{\lfloor\frac{d}{2}\rfloor}^0)\Phi(P_{d-\lfloor\frac{d}{2}\rfloor-1}^0)$$

$$= \frac{x}{x-1}\Phi(P_{d-\lfloor\frac{d}{2}\rfloor-1})\big[(x-1)^{n-d-2}\Phi(P_{\lfloor\frac{d}{2}\rfloor+1}^0)$$

$$- (n-d-2)x(x-1)^{n-d-3}\Phi(P_{\lfloor\frac{d}{2}\rfloor}^0)\big]$$

$$+ x(x-1)^{n-d-4}\Phi(P_{\lfloor\frac{d}{2}\rfloor}^0)\Phi(P_{d-\lfloor\frac{d}{2}\rfloor-1}^0). \qquad (4-1-2)$$

设矩阵 $\boldsymbol{L}_1(T'')$ 是由 $\boldsymbol{L}(T'')$ 通过去掉对应于点 $v_{\lfloor\frac{d}{2}\rfloor+2},\cdots,v_{d+1}$ 和 v_n 的行和列而得到. 易见

$$\Phi(\boldsymbol{L}_1(T'')) = (x-1)^{n-d-2}\Phi(P_{\lfloor\frac{d}{2}\rfloor+1}^0)$$

$$- (n-d-2)x(x-1)^{n-d-3}\Phi(P_{\lfloor\frac{d}{2}\rfloor}^0).$$

把上面的方程代入公式$(4-1-2)$,对 $x \geqslant \mu(T^*)$,我们有

$$\Phi(T^*) - \Phi(T'') = \frac{x}{x-1}\Phi(P_{d-\lfloor\frac{d}{2}\rfloor-1})\Phi(\boldsymbol{L}_1(T''))$$

$$+ x(x-1)^{n-d-4}\Phi(P_{\lfloor\frac{d}{2}\rfloor}^0)\Phi(P_{d-\lfloor\frac{d}{2}\rfloor-1})$$

$$> 0,$$

从而,我们有 $\mu(T'') > \mu(T^*)$. 证毕. ■

引理 4.1.10 对任意树 $T \in T_{(n, d)} \setminus \{T'_{(n, d)}\}$ 且满足 $n \geqslant d+3$ 和 $d \geqslant 3$,我们有 $\mu(T) \leqslant \mu(T'')$,等式成立,当且仅当 $T \cong T''$.

证明 因为 $T \in T_{(n, d)}$,则存在 T 的一条长为 d 的路,记作 P_{d+1}:$v_1 v_2 \cdots v_d v_{d+1}$ 且满足 $d(v_1) = d(v_{d+1}) = 1$. 又因为 $n \geqslant d+3$,则在 P_{d+1} 至少存在一点 $v_i (2 \leqslant i \leqslant d)$ 使得 $d(v_i) \geqslant 3$.

我们分如下两种情形讨论:

情形 1 在点 v_2,v_3,$\cdots$,v_d 中至少存在两个点(设为 v_{i_1},$\cdots$,v_{i_k},$k \geqslant 2$)使得每一个点的度至少为 3. 对每一个点 $v_{i_j} (j = 1, \cdots, k)$ 应用推论 4.1.1,我们可以构造一棵树 T_1 是由路 P_{d+1} 在点 v_{i_1},$\cdots$,v_{i_k} 分别引出一些新的悬挂边而得到且满足

$$\mu(T) \leqslant \mu(T_1), \tag{4-1-3}$$

等式成立,当且仅当 $T \cong T_1$.

对树 T_1 应用几次引理 4.1.3,进一步,我们可以构造一棵与 T_1 同类型的树 T_2,只不过对 T_2 而言,此时 $k = 2$ 且满足

$$\mu(T_1) \leqslant \mu(T_2), \tag{4-1-4}$$

等式成立,当且仅当 $T_1 \cong T_2$.

最后,对树 T_2 再次应用引理 4.1.3,可以在 $T''_{(n, d)}$ 中得到一棵树 T_3 满足

$$\mu(T_2) \leqslant \mu(T_3), \tag{4-1-5}$$

等式成立,当且仅当 $T_2 \cong T_3$.

由引理 4.1.8,我们有

$$\mu(T_3) \leqslant \mu(T''), \tag{4-1-6}$$

等式成立,当且仅当 $T_3 \cong T''$.

把公式(4-1-3)—公式(4-1-6)结合起来,有 $\mu(T) \leqslant \mu(T'')$,等式成立,当且仅当 $T \cong T''$.

情形 2　在 $\{v_2, \cdots, v_d\}$ 恰好有一个点,设为 $v_i(3 \leqslant i \leqslant d-1)$,其度满足 $d(v_i) \geqslant 3$. 设 $w_1, \cdots, w_s$ 是路 P_{d+1} 外全部与点 v_i 相邻接的点且设 $w_1, \cdots, w_r$ 中每一个点的度至少为 2, $w_{r+1}, \cdots, w_s$ 中每一个点都是悬挂点. 由假设 $T \notin T'_{(n,d)}$,我们有 $r \geqslant 1$.进一步,我们有 $d \geqslant 4$.

(a) 假如存在某一个点 $w_j(1 \leqslant j \leqslant r)$ 满足 $d(w_j) \geqslant 3$,则由推论 4.1.1,我们可以构造一棵树 T_1,其是由 $P_{d+1}+v_iw_j$ 通过在点 w_j 和 v_i 处分别引出一些悬挂边而得到且满足

$$\mu(T) \leqslant \mu(T_1). \tag{4-1-7}$$

对 T_1 多次应用引理 4.1.3,我们可以在 $T^*_{(n,d)}$ 中或在 $\widetilde{T}_{(n,d)}$ 中构造一棵树 T_2 满足

$$\mu(T_1) \leqslant \mu(T_2), \tag{4-1-8}$$

等式成立,当且仅当 $T_1 \cong T_2$.

假如 $T_2 \in T^*_{(n,d)}$,则由公式(4-1-7),公式(4-1-8)和引理 4.1.5,引理 4.1.9,我们有

$$\mu(T) \leqslant \mu(T_1) \leqslant \mu(T_2) \leqslant \mu(T^*) < \mu(T'').$$

假如 $T_2 \in \widetilde{T}_{(n,d)}$,则由公式(4-1-7),公式(4-1-8)和引理 4.1.6,引理 4.1.7,引理 4.1.9,我们有

$$\mu(T) \leqslant \mu(T_1) \leqslant \mu(T_2) \leqslant \mu(\widetilde{T}) < \mu(T^*) < \mu(T'').$$

(b) 对全部的 $j = 1, 2, \cdots, r, d(w_j) = 2$. 令 H_j 是 $T - v_iw_j$ 的包含点 $w_j(j = 1, 2, \cdots, r)$ 的连通部分.

(1) 假如对全部的 $j = 1, 2, \cdots, r, |V(H_j)| = 2$. 则由引理 4.1.3,我们可以构造一棵与情形(a)中树 T_1 同类型的树 T_3. 通过与情形(a)类似的

讨论,结论成立.

（2）假如存在某一个点,设为 $w_j (1 \leqslant j \leqslant r)$ 使得 $|V(H_j)| \geqslant 3$,则我们可以在点 w_j 处引出一条新的悬挂边而构造出一棵树 T_4,且满足 $|V(T_4)| = |V(T)| + 1$. 令 T_5 是由 T_4 通过去掉边 $v_i w_j$ 且把 v_i 和 w_j 合并为一个新点而得到. 则由推论 1.3.2 和引理 4.1.1,我们有

$$\mu(T) \leqslant \mu(T_4) < \mu(T_5).$$

对 T_5 多次重复上述过程,我们最终可以构造一棵树 T_6 要么满足情形（a）要么满足（b）中的情形（1）. 证毕.

下面,我们给出本节的主要结果.

定理 4.1.1   在集合 $T_{(n, d)} (n \geqslant d+3, d \geqslant 3)$ 中,按照拉普拉斯谱半径从大到小排列,前 $\left\lfloor \dfrac{d}{2} \right\rfloor + 1$ 个树如下:

$$T' = T_{(n, d)}\left(\left\lfloor \frac{d}{2} \right\rfloor + 1\right), T_{(n, d)}\left(\left\lfloor \frac{d}{2} \right\rfloor\right), \cdots, T_{(n, d)}(3), T_{(n, d)}(2), T''.$$

证明   由引理 4.1.4,我们有

$$\mu(T') > \mu\left(T_{(n, d)}\left(\left\lfloor \frac{d}{2} \right\rfloor\right)\right) > \cdots > \mu(T_{(n, d)}(3)) > \mu(T_{(n, d)}(2)).$$

因此由引理 4.1.10,我们只需要证明

$$\mu(T_{(n, d)}(2)) > \mu(T'').$$

注意到 $n \geqslant d+3$. 由引理 2.2.2,我们有

$$\mu(T_{(n, d)}(2)) > n - d + 2.$$

由界（∗∗）,我们有

$$\mu(T'') \leqslant \max\left\{ n - d + 1 + \frac{3}{n-d}, 4 + \frac{n-d}{3}, \right.$$

$$3+\frac{n-d}{2},\ 3+\frac{3}{2},\ n-d+1\bigg\}$$

$$\leqslant n-d+2.$$

从而,我们有

$$\mu(T'')\leqslant n-d+2<\mu(T_{(n,d)}(2)).$$

证毕.

4.2　按拉普拉斯谱半径从大到小对树排序

在文献[10,52]中,人们研究了利用邻接矩阵的最大特征值来对树进行排序的问题.而利用拉普拉斯谱半径对树进行排序,最近也有一些结果出现.按拉普拉斯谱半径从大到小对树进行排序,在文献[95]中,张晓东和李炯生给出了前三个树;在文献[44]中,作者给出了前四个树;最近,在文献[93]中,余爱梅、陆梅和田丰等给出了前八个树.在本节中,我们将进一步给出前十三个树.我们首先给出如下已知结果.

引理 4.2.1　对 $d\geqslant 3$,我们有

$$\mu\left(T_{(n,d)}\left(\left\lfloor\frac{d}{2}\right\rfloor+1\right)\right)<\mu(T_{(n,d-1)}(2)).$$

证明　由界(∗)和引理 2.2.2,我们有

$$\mu\left(T_{(n,d)}\left(\left\lfloor\frac{d}{2}\right\rfloor+1\right)\right)<n-d+3=\Delta(T_{(n,d-1)}(2))+1$$

$$\leqslant\mu(T_{(n,d-1)}(2)).$$

证毕.

引理 4.2.2 对 $2 \leqslant s \leqslant t$,有 $\mu(T_3(s-1, t+1)) > \mu(T_3(s, t))$.

证明 由推论 1.4.1,我们有

$$\Phi(T_3(s, t)) = x(x-1)^{n-4}[x^3 - (n+2)x^2 + (2n+st+1)x - n].$$

$$(4-2-1)$$

从而,对 $x \geqslant \mu(T_3(s, t)) > 1$,我们有

$$\Phi(T_3(s, t)) - \Phi(T_3(s-1, t+1)) = x^2(x-1)^{n-4}(t+1-s) > 0.$$

因此,我们有 $\mu(T_3(s-1, t+1)) > \mu(T_3(s, t))$. 证毕. ■

引理 4.2.3 在集合 $T_{(n, 4)}(n \geqslant 10)$ 中,拉普拉斯谱半径最大的前六个树为

$$T_{(n, 4)}(3), \ T_{(n, 4)}(2), \ T_{(n, 4)}(3, 4), \ T^*_{(n, 4)}(3),$$

$$T_{(n, 4)}(2, 3), \ T_{(n, 4)}(2, 4).$$

进一步,假如 $T \in T_{(n, 4)}(n \geqslant 10)$,且

$$T \notin \{T_{(n, 4)}(3), \ T_{(n, 4)}(2), \ T_{(n, 4)}(3, 4), \ T_{(n, 4)}(2, 3),$$

$$T^*_{(n, 4)}(3), \ T_{(n, 4)}(2, 4)\},$$

则 $\mu(T) < \mu(T_3(n-6, 4))$.

证明 设 T 是一棵直径为 $d = 4$ 的树.

假如 $\Delta(T) \leqslant n-5$,则由推论 4.1.2,对 $n \geqslant 10$,有 $\mu(T) < \mu(T_3(n-6, 4))$.

假如 $\Delta(T) = n-3$,则 T 必定与树 $T_{(n, 4)}(3)$ 或 $T_{(n, 4)}(2)$ 同构.

假如 $\Delta(T) = n-4$,则 T 必定与下面某一个树同构:

$$T_{(n, 4)}(3, 4), \ T^*_{(n, 4)}(3), \ T_{(n, 4)}(2, 3) \ 和 \ T_{(n, 4)}(2, 4).$$

由界($**$)和引理 2.2.2,对 $n \geqslant 10$,我们有

$$\mu(T_3(n-6,4)) \leqslant \max\left\{n-5+\frac{n-1}{n-5},\ 5+\frac{n-1}{5},\ n-4,\ 6\right\}$$

$$\leqslant n-3$$

$$=\Delta(T_{(n,4)}(2,4))+1$$

$$<\mu(T_{(n,4)}(2,4)).$$

由定理 4.1.1 和上面的讨论,我们只需要证明

$$\mu(T_{(n,4)}(2,4)) < \mu(T_{(n,4)}(2,3)) < \mu(T^*_{(n,4)}(3)).$$

由引理 4.1.8 的证明,我们有

$$\mu(T_{(n,4)}(2,4)) < \mu(T_{(n,4)}(2,3)).$$

下面,我们证明对 $n \geqslant 10$,有

$$\mu(T_{(n,4)}(2,3)) < \mu(T^*_{(n,4)}(3)).$$

在定理 1.4.2 中,对 $T^*_{(n,4)}(3)$ 取 $u=v_3$ 和 $v=v_6$,我们有

$$\Phi(T^*_{(n,4)}(3)) = \Phi(T_{(n-2,4)}(3))(\Phi(P_2)-(x-1))$$

$$-(x-1)^{n-7}\Phi(P_2)\Phi(P_2^0)\Phi(P_2^0)$$

$$=(x^2-3x+1)\Phi(T_{(n-2,4)}(3))$$

$$-x(x-2)(x-1)^{n-7}(x^2-3x+1)^2. \qquad (4-2-2)$$

对 $T_{(n-2,4)}(3)$ 使用定理 1.4.2 两次,我们有

$$\Phi(T_{(n-2,4)}(3))$$

$$=(x^2-3x+1)\big[(x^2-3x+1)\Phi(K_{1,n-7})-2(x-1)^{n-7}\Phi(P_2)\big]$$

$$=x(x^2-3x+1)(x-1)^{n-8}\big[(x-n+6)(x^2-3x+1)$$

$$-2(x-1)(x-2)\big]$$

$$=x(x^2-3x+1)(x-1)^{n-8}(x^3-(n-1)x^2+(3n-11)x-n+2).$$

把上述等式代入式(4-2-2),我们有

$$\Phi(T^*_{(n,4)}(3)) = x(x^2 - 3x + 1)^2(x-1)^{n-8}(x^3 - nx^2 + (3n-8)x - n).$$

$$(4-2-3)$$

在定理 1.4.2 中，对 $T_{(n,4)}(2,3)$ 取 $u = v_2$ 和 $v = v_3$，我们有

$$\begin{aligned}
\Phi(T_{(n,4)}(2,3)) &= \Phi(K_{1,n-5})\Phi(P_4) - (x-1)\Phi(K_{1,n-5})\Phi(P_2^0) \\
&\quad - (x-1)^{n-5}\Phi(P_4) \\
&= x(x-n+4)(x-1)^{n-6}[x(x^3 - 6x^2 + 10x - 4) \\
&\quad - x^3 + 3x^2 - x + x^2 - 3x + 1] \\
&\quad - x(x^3 - 6x^2 + 10x - 4)(x-1)^{x-5} \\
&= x(x-1)^{n-6}[(x-n+4)(x^4 - 7x^3 + 14x^2 \\
&\quad - 8x + 1) - (x-1)(x^3 - 6x^2 + 10x - 4)] \\
&= x(x-1)^{n-6}(x^5 - nx^4 - 4x^4 + 7nx^3 - 7x^3 - 14nx^2 \\
&\quad + 32x^2 + 8nx - 17x - n). \qquad (4-2-4)
\end{aligned}$$

由式(4-2-3)和式(4-2-4)，我们有

$$\begin{aligned}
&\Phi(T^*_{(n,4)}(3)) - \Phi(T_{(n,4)}(2,3)) \\
&= x(x-1)^{n-8}[(x^2 - 3x + 1)^2(x^3 - nx^2 + (3n-8)x - n) \\
&\quad - (x-1)^2(x^5 - nx^4 - 4x^4 + 7nx^3 - 7x^3 - 14nx^2 \\
&\quad + 32x^2 + 8nx - 17x - n)] \\
&= x^2(x-1)^{n-8}(x^4 - nx^3 + 2nx^2 + x^2 + nx - 18x + 9 - n).
\end{aligned}$$

$$(4-2-5)$$

由界($*$)和引理 2.2.2，我们有

$$n - 3 < \mu(T^*_{(n,4)}(3)) < n - 2.$$

令 $\mu_1 = \mu(T^*_{(n,4)}(3))$. 由式(4-2-3)，我们有

$$\mu_1^3 - n\mu_1^2 + (3n-8)\mu_1 - n = 0.$$

把上述等式与式$(4-2-5)$相结合,对$n\geqslant10$(意味着$\mu_1\geqslant7$),我们有

$$\Phi(T^*_{(n,4)}(3);\mu_1)-\Phi(T_{(n,4)}(2,3);\mu_1)$$
$$=\mu_1^2(\mu_1-1)^{n-8}(\mu_1^4-n\mu_1^3+2n\mu_1^2+\mu_1^2+n\mu_1-18\mu_1+9-n)$$
$$=\mu_1^2(\mu_1-1)^{n-8}\big[\mu_1(\mu_1^3-n\mu_1^2+3n\mu_1-8\mu_1-n)-n\mu_1^2$$
$$+9\mu_1^2+2n\mu_1-18\mu_1+9-n\big]$$
$$=\mu_1^2(\mu_1-1)^{n-8}(-n\mu_1^2+9\mu_1^2+2n\mu_1-18\mu_1+9-n)$$
$$<\mu_1^2(\mu_1-1)^{n-8}(n-9)(2-\mu_1)\mu_1$$
$$<0.$$

由引理 4.1.2,我们有

$$\mu_2(T_{(n,4)}(2,3))\leqslant5<\mu_1(n\geqslant10).$$

从而,对$n\geqslant10$,我们有

$$\mu(T^*_{(n,4)}(3))>\mu(T_{(n,4)}(2,3)).$$

证毕.

令$H_1=K_{1,n-1}$,$H_2=T_{(n,3)}(2)$,$H_3=T_3(n-4,2)$,$H_4=T_{(n,4)}(3)$,$H_5=T_{(n,4)}(2)$,$H_6=T_3(n-5,3)$,$H_7=T_{(n,4)}(3,4)$,$H_8=T^*_{(n,4)}(3)$,$H_9=T_{(n,4)}(2,3)$,$H_{10}=T_{(n,5)}(3)$,$H_{11}=T_{(n,4)}(2,4)$,$H_{12}=T_{(n,5)}(2)$,$H_{13}=T_3(n-6,4)$,且

$$S_i=\{H_j:j=1,2,\cdots,i\},1\leqslant i\leqslant12.$$

下面,我们给出本节的主要结果.

定理 4.2.1 设T是有$n\geqslant10$个顶点的树,则我们有

(1) $\mu(T)\leqslant\mu(K_{1,n-1})=n$,等式成立,当且仅当$T=K_{1,n-1}$;

(2) 假如$T\neq K_{1,n-1}$,则$\mu(T)\leqslant\mu(T_{(n,3)}(2))$,等式成立,当且仅当$T\cong T_{(n,3)}(2)(\cong T_3(n-3,1))$;

（3）假如 $T \notin S_2$，则 $\mu(T) \leqslant \mu(T_3(n-4, 2))$，等式成立，当且仅当 $T \cong T_3(n-4, 2)(\cong T_{(n, 3)}(2, 3))$；

（4）假如 $T \notin S_3$，则 $\mu(T) \leqslant \mu(T_{(n, 4)}(3))$，等式成立，当且仅当 $T \cong T_{(n, 4)}(3)$；

（5）假如 $T \notin S_4$，则 $\mu(T) \leqslant \mu(T_{(n, 4)}(2))$，等式成立，当且仅当 $T \cong T_{(n, 4)}(2)$；

（6）假如 $T \notin S_5$，则 $\mu(T) \leqslant \mu(T_3(n-5, 3))$，等式成立，当且仅当 $T \cong T_3(n-5, 3)$；

（7）假如 $T \notin S_6$，则 $\mu(T) \leqslant \mu(T_{(n, 4)}(3, 4))$，等式成立，当且仅当 $T \cong T_{(n, 4)}(3, 4)$；

（8）假如 $T \notin S_7$，则 $\mu(T) \leqslant \mu(T_{(n, 4)}^*(3))$，等式成立，当且仅当 $T \cong T_{(n, 4)}^*(3)$；

（9）假如 $T \notin S_8$，则 $\mu(T) \leqslant \mu(T_{(n, 4)}(2, 3))$，等式成立，当且仅当 $T \cong T_{(n, 4)}(2, 3)$；

（10）假如 $T \notin S_9$，则 $\mu(T) \leqslant \mu(T_{(n, 5)}(3))$，等式成立，当且仅当 $T \cong T_{(n, 5)}(3)$；

（11）假如 $T \notin S_{10}$，则 $\mu(T) \leqslant \mu(T_{(n, 4)}(2, 4))$，等式成立，当且仅当 $T \cong T_{(n, 4)}(2, 4)$；

（12）假如 $T \notin S_{11}$，则 $\mu(T) \leqslant \mu(T_{(n, 5)}(2))$，等式成立，当且仅当 $T \cong T_{(n, 5)}(2)$；

（13）假如 $T \notin S_{12}$，则 $\mu(T) \leqslant \mu(T_3(n-6, 4))$，等式成立，当且仅当 $T \cong T_3(n-6, 4)$.

证明 由定理 4.1.1 和引理 4.2.1，(1) 和 (2) 显然成立. 由引理 4.2.2，在集合 $T_{(n, 3)}(n \geqslant 10)$ 中，拉普拉斯谱半径最大的前四个树是

$$T_3(n-3, 1), \ T_3(n-4, 2), \ T_3(n-5, 3), \ T_3(n-6, 4).$$

由定理 4.1.1，在集合 $T_{(n,5)}(n \geqslant 10)$ 中，拉普拉斯谱半径最大的前三个树是

$$T_{(n,5)}(3), \ T_{(n,5)}(2), \ T_{(n,5)}(3,4).$$

进一步，假如 T 是直径为 $d \geqslant 6$ 的树，则 $\Delta(T) \leqslant n-5$. 由推论 4.1.2，我们有

$$\mu(T) < \mu(T_3(n-6,4)).$$

从而，由引理 4.2.3 和上述讨论，为了证明我们的结果，我们只需要证明对任意的 $3 \leqslant i \leqslant 12$，有

$$\mu(H_i) > \mu(H_{i+1}).$$

因为 $\Delta(T_{(n,4)}(3)) = n-3$，由推论 4.1.2，我们有

$$\mu(H_3) = \mu(T_3(n-4,2)) > \mu(T_{(n,4)}(3)) = \mu(H_4).$$

由定理 4.1.1，$\mu(H_4) > \mu(H_5)$ 显然成立.

由界 (**) 和引理 2.2.2，对 $n \geqslant 8$，我们有

$$\mu(H_6) = \mu(T_3(n-5,3))$$

$$\leqslant \left\{ n-4+\frac{n-1}{n-4}, \ n-3, \ 4+\frac{n-1}{4}, \ 5 \right\}$$

$$\leqslant n-2$$

$$= \Delta(T_{(n,4)}(2))+1$$

$$< \mu(T_{(n,4)}(2))$$

$$= \mu(H_5).$$

因为 $\Delta(T_{(n,4)}(3,4)) = n-4$，由推论 4.1.2，我们有

$$\mu(H_6) = \mu(T_3(n-5,3)) > \mu(T_{(n,4)}(3,4)) = \mu(H_7).$$

由引理 4.1.9，我们有

$$\mu(H_7) = \mu(T_{(n,4)}(3,4)) > \mu(T_{(n,4)}^*(3)) = \mu(H_8).$$

由引理 4.2.3，我们有

$$\mu(H_8) = \mu(T_{(n,4)}^*(3)) > \mu(T_{(n,4)}(2,3)) = \mu(H_9).$$

在定理 1.4.2 中，对 $T_{(n,5)}(3)$ 取 $u = v_3$ 和 $v = v_4$，我们有

$$
\begin{aligned}
&\Phi(T_{(n,5)}(3)) \\
={}& (x^3 - 5x^2 + 6x - 1)\big[(\Phi(P_2) - \Phi(P_1^0))\Phi(K_{1,n-6}) \\
&- \Phi(P_2)(x-1)^{n-6}\big] - x(x^2 - 3x + 1)(x^2 - 4x + 3)(x-1)^{n-6} \\
={}& x(x^3 - 5x^2 + 6x - 1)(x^2 - 3x + 1)(x - n + 5)(x-1)^{n-7} \\
&- x(x-2)(x^3 - 5x^2 + 6x - 1)(x-1)^{n-6} \\
&- x(x^2 - 3x + 1)(x^2 - 4x + 3)(x-1)^{n-6} \\
={}& x(x-1)^{n-7}\big[(x^3 - 5x^2 + 6x - 1)(x^2 - 3x + 1)(x - n + 5) \\
&- (x-1)(x-2)(x^3 - 5x^2 + 6x - 1) \\
&- (x-1)(x^2 - 3x + 1)(x^2 - 4x + 3)\big]. \quad\quad (4-2-6)
\end{aligned}
$$

由式(4-2-4)和式(4-2-6)，对 $x \geqslant \mu(T_{(n,5)}(3)) > \Delta(T_{(n,5)}(3)) + 1 = n - 3$，我们有

$$
\begin{aligned}
&\Phi(T_{(n,5)}(3)) - \Phi(T_{(n,4)}(2,3)) \\
={}& x^2(x-1)^{n-7}(x^3 - nx^2 + x^2 + 2nx - 4x - 4) \\
={}& x^2(x-1)^{n-7}\big[x^2(x - n + 1) + 2nx - 4x - 4\big] \\
>{}& x^2(x-1)^{n-7}(-2x^2 + 2nx - 4x - 4) \\
={}& 2x^2(x-1)^{n-7}\big[x(-x + n - 2) - 2\big]. \quad\quad (4-2-7)
\end{aligned}
$$

由界(* *)，对 $n \geqslant 7$，我们有

$$\mu(T_{(n,5)}(3)) \leqslant \max\left\{n - 4 + \frac{n-2}{n-4}, \; 2 + \frac{n-3}{2}, \; 2 + \frac{n-2}{2}, \; 3, \; 2 + \frac{3}{2}\right\}$$

$$\leqslant n - 3 + \frac{2}{n-4}.$$

从而,由式$(4-2-7)$,对 $n-3 < x < n-3+\dfrac{2}{n-4}$,我们有

$$\Phi(T_{(n, 5)}(3)) - \Phi(T_{(n, 4)}(2, 3))$$

$$> 2x^2(x-1)^{n-7}\left[x\left(1-\frac{2}{n-4}\right)-2\right]$$

$$> 2x^2(x-1)^{n-7}\left[(n-4)\left(1-\frac{2}{n-4}\right)-2\right]$$

$$= 2x^2(x-1)^{n-7}(n-8).$$

因此,我们有

$$\mu(H_9) = \mu(T_{(n, 4)}(2, 3)) > \mu(T_{(n, 5)}(3)) = \mu(H_{10}).$$

在定理 1.4.2 中,对 $T_{(n, 4)}(2, 4)$ 取 $u = v_2$ 和 $v = v_3$,我们有

$$\Phi(T_{(n, 4)}(2, 4)) = \Phi(K_{1, n-5})\Phi(K_{1, 3}) - (x^3 - 5x^2 + 5x - 1)\Phi(K_{1, n-5})$$

$$- (x-1)^{n-5}\Phi(K_{1, 3})$$

$$= x(x-1)^{n-5}[x(x-1)(x-4)(x-n+4)$$

$$- (x-n+4)(x^2 - 4x + 1) - (x-1)^2(x-4)]$$

$$= x(x-1)^{n-5}(x^4 - nx^3 - 3x^3 + 6nx^2 - 10x^2$$

$$- 8nx + 22x + n). \tag{4-2-8}$$

由公式$(4-2-6)$和公式$(4-2-8)$,我们有

$$\Phi(T_{(n, 4)}(2, 4)) - \Phi(T_{(n, 5)}(3))$$

$$= x(x-1)^{n-7}(-x^4 + nx^3 - x^3 - nx^2 - x^2 - nx + 9x). \tag{4-2-9}$$

令 $\mu_2 = \mu(T_{(n, 4)}(2, 4))$. 由界$(*)$和引理 2.2.2,我们有

$$n-3 < \mu_2 < n-2.$$

由式$(4-2-8)$,我们有

$$\mu_2^4 - n\mu_2^3 - 3\mu_2^3 + 6n\mu_2^2 - 10\mu_2^2 - 8n\mu_2 + 22\mu_2 + n = 0.$$

把上述等式与式(4-2-9)相结合,对 $n \geqslant 12$(意味着 $\mu_2 > 9$),我们有

$$\Phi(T_{(n,\,4)}(2,\,4)\,;\,\mu_2) - \Phi(T_{(n,\,5)}(3)\,;\,\mu_2)$$

$$= \mu_2(\mu_2-1)^{n-7}(-4\mu_2^3 + 5n\mu_2^2 - 11\mu_2^2 - 9n\mu_2 + 31\mu_2 + n)$$

$$= \mu_2(\mu_2-1)^{n-7}(\mu_2^2(-4\mu_2+5n) - 11\mu_2^2 - 9n\mu_2 + 31\mu_2 + n)$$

$$> \mu_2(\mu_2-1)^{n-7}(n\mu_2^2 - 3\mu_2^2 - 9n\mu_2 + 31\mu_2 + n)$$

$$> \mu_2^2(\mu_2-1)^{n-7}(n\mu_2 - 3\mu_2 - 9n + 27)$$

$$= \mu_2^2(\mu_2-1)^{n-7}(n-3)(\mu_2-9)$$

$$> 0.$$

从而,对 $n \geqslant 12$,我们有

$$\mu(H_{10}) = \mu(T_{(n,\,5)}(3)) > \mu(T_{(n,\,4)}(2,\,4)) = \mu(H_{11}).$$

假如 $10 \leqslant n \leqslant 11$,应用数学软件"Matlab",有 $\mu(H_{10}) > \mu(H_{11})$.
由推论 2.2.1,我们有

$$\mu(H_{11}) = \mu(T_{(n,\,4)}(2,\,4)) > \mu(T_{(n,\,5)}(2)) = \mu(H_{12}).$$

由界(* *)和引理 2.2.2,对 $n \geqslant 10$,我们有

$$\mu(H_{13}) = \mu(T_3(n-6,\,4))$$

$$\leqslant \left\{ n-5+\frac{n-1}{n-5},\ n-4,\ 5+\frac{n-1}{5},\ 6 \right\}$$

$$\leqslant n-3$$

$$= \Delta(T_{(n,\,5)}(2)) + 1$$

$$< \mu(T_{(n,\,5)}(2))$$

$$= \mu(H_{12}).$$

证毕.

4.3　树的第二大拉普拉斯特征值

在本节中,我们将研究树的第二大拉普拉斯特征值,特别是具有完美匹配的树的第二大拉普拉斯特征值. 我们首先给出如下已知结果.

引理 4.3.1[86]　设 T 是有 n 个顶点的树,则对任意一个正整数 a,存在一个顶点 $v \in V(T)$ 使得有 $T-v$ 的一个连通分支,其点数不超过 $\max\{n-1-a, a\}$,而其余的每一个连通分支的点数都不超过 a.

设 $T_n^i (2i \leqslant n+1)$ 是由星图 $K_{1, n-i}$ 通过在其 $i-1$ 个悬挂点上各分别引出一条新的悬挂边而得到.

引理 4.3.2[44]　设 T 是顶点数为 n、匹配数为 $\beta = \beta(T)$ 的树,则有 $\mu(T) \leqslant r$,其中 r 是如下方程的最大根:

$$x^3 - (n-\beta+4)x^2 + (3n-3\beta+4)x - n = 0,$$

等式成立,当且仅当 $T \cong T_n^\beta$.

推论 4.3.1[44]　设 T 是有 $n = 2t$ 个顶点且具有完美匹配的树,则有

$$\mu(T) \leqslant \frac{t+2+\sqrt{t^2+4}}{2},$$

等式成立,当且仅当 $T \cong T_n^t$.

定理 4.3.1　设 T 是有 $n \geqslant 3$ 个顶点的树,则有 $\mu_2(T) \geqslant 1$,等式成立,当且仅当 $T \cong K_{1, n-1}$.

证明　注意到 $L(T)$ 有一个 0 特征值且 $\mu(T) \leqslant n$. 因为 T 有 $n-1$ 边,我们有

$$2(n-1) = trace(L(T)) \leqslant 0 + (n-2)\mu_2(T) + \mu(T)$$
$$\leqslant (n-2)\mu_2(T) + n.$$

因此 $1 \leqslant \mu_2(T)$，等式成立，当且仅当 $L(T)$ 的特征值是 0，n 和 $n-2$ 个 1. 而后一条件成立当且仅当 $T = K_{1, n-1}$. ∎

定理 4.3.2 设 T 是有 $n \geqslant 4$ 个顶点的树. 假如 $T \neq K_{1, n-1}$，则有 $\mu_2(T) \geqslant r$，其中 r 是如下方程的第二大根：

$$x^3 - (n+2)x^2 + (3n-2)x - n = 0,$$

等式成立，当且仅当 $T \cong T_n^2 \cong T_3(n-3, 1)$.

进一步，$r \geqslant 2$，等式成立当且仅当 $n = 4$，且 r 是关于 n 的严格上升的函数且收敛于 $\dfrac{3+\sqrt{5}}{2}$.

证明 由推论 1.4.1，我们有

$$\Phi(L(T_3(n-3, 1))) = x(x-1)^{n-4}\left[x^3 - (n+2)x^2 + (3n-2)x - n\right].$$

令

$$f(x) = x^3 - (n+2)x^2 + (3n-2)x - n.$$

我们有

$$f(n) = n^2 - 3n > 0 \ (n \geqslant 4),$$

$$f\left(\frac{3+\sqrt{5}}{2}\right) = -1 < 0,$$

$$f(2) = n - 4 \geqslant 0 \ (n \geqslant 4),$$

$$f(1) = n - 3 > 0 \ (n \geqslant 4),$$

$$f(0) = -n < 0.$$

因此，

$$2 \leqslant \mu_2(T_n^2) = r < \frac{3+\sqrt{5}}{2},$$

且左边的等式成立，当且仅当 $n = 4$.

由引理 1.3.1,r 是关于 n 上升的函数.

假如 $\mu_2(T_n^2) = \mu_2(T_{n+1}^2)$,则

$$f(\mu_2(T_{n+1}^2)) - f(\mu_2(T_n^2)) = -\mu_2^2(T_n^2) + 3\mu_2(T_n^2) - 1 = 0.$$

从而有 $\mu_2(T_n^2) = \dfrac{3+\sqrt{5}}{2}$,而这与 $\mu_2(T_n^2) < \dfrac{3+\sqrt{5}}{2}$ 矛盾. 因此,r 是关于 n 严格上升的函数.

因为

$$f(\mu_2(T_n^2)) = \mu_2^3(T_n^2) - (n+2)\mu_n^2(T_n^2) + (3n-2)\mu_n^2(T^2) - n = 0,$$

我们有

$$\frac{\mu_2^3(T_n^2)}{n} = \frac{n+2}{n}\mu_2^2(T_n^2) - \frac{3n+2}{n}\mu_2(T_n^2) + 1,$$

且左边随着 $n \to +\infty$ 而收敛于 0. 则有

$$\lim_{n\to+\infty} \mu_2(T_n^2) = \frac{3+\sqrt{5}}{2}.$$

若 $4 \leqslant n \leqslant 5$,容易验证结论成立. 因此,我们不妨假设 $n \geqslant 6$. 假如 T 既不是 $K_{1,n-1}$ 也不是 T_n^2,则 T 包含 $P_5 \bigcup (n-5)K_1$ 或 $T_3(2,2) \bigcup (n-6)K_1$ 作为一个支撑子图,其中 $P_5 \bigcup (n-5)K_1$ 表示 P_5 和 $n-5$ 个孤立点的不交并. 因为

$$\mu_2(P_5) = \frac{3+\sqrt{5}}{2},$$

$$\mu_2(T_3(2,2)) = 3 > \frac{3+\sqrt{5}}{2},$$

由引理 1.3.1,我们有

$$\mu_2(T) \geqslant \min\{\mu_2(P_5), \mu_2(T_3(2, 2))\}$$

$$= \frac{3+\sqrt{5}}{2},$$

结论成立. ■

令 $d(G)$ 表示图 G 的直径,我们有如下结果.

定理 4.3.3 设 T 是有 $n \geqslant 5$ 个顶点的树. 假如 T 既不是 $K_{1, n-1}$ 也不是 T_n^2,则 $\mu_2(T) \geqslant \dfrac{3+\sqrt{5}}{2}$,且等式成立当且仅当 $T \cong T_n^i (i \geqslant 3)$.

证明 我们首先证明 $\mu_2(T_n^i) = \dfrac{3+\sqrt{5}}{2} (i \geqslant 3)$ 成立. 因为 $i \geqslant 3$,则存在唯一一个点 $v \in T_n^i$ 使得

$$L_v(T_n^i) = \begin{pmatrix} L_1 & 0 & \cdots & 0 & 0 \\ 0 & L_2 & \cdots & 0 & 0 \\ \vdots & \vdots & \ddots & \vdots & \vdots \\ 0 & 0 & \cdots & L_{i-1} & 0 \\ 0 & 0 & \cdots & 0 & I_{n-2i+1} \end{pmatrix},$$

其中 $L_1 = L_2 = \cdots = L_{i-1} = \begin{pmatrix} 2 & -1 \\ -1 & 1 \end{pmatrix}$. 因为

$$\det(xI - L_1) = x^2 - 3x + 1,$$

且方程 $x^2 - 3x + 1 = 0$ 的最大根是 $\dfrac{3+\sqrt{5}}{2}$,由定理 1.3.5,我们有

$$\mu_2(T_n^i) = \frac{3+\sqrt{5}}{2} (i \geqslant 3).$$

我们分如下三种情形:

情形 1 假设 $d(T) \geqslant 5$,则 T 包含 $P_6 \bigcup (n-6)K_1$ 作为一个支撑子

图. 由引理 1.3.1,我们有

$$\mu_2(T) \geqslant \mu_2(P_6) = 3 > \frac{3+\sqrt{5}}{2}.$$

情形 2　假设 $d(T) \leqslant 3$. 因为 T 既不是 $K_{1, n-1}$ 也不是 T_n^2,则 T 包含 $T_3(2, 2) \bigcup (n-6)K_1$ 作为一个支撑子图. 由引理 1.3.1,我们有

$$\mu_2(T) \geqslant \mu_2(T_3(2, 2)) = 3 > \frac{3+\sqrt{5}}{2}.$$

情形 3　设 $d(T) = 4$ 且 $T \neq T_n^i$,则 T 包含 $T_1 \bigcup (n-6)K_1$ 作为一个支撑子图,其中 T_1 是由星图 $K_{1,3}$ 在其一个悬挂点引出一条长为 2 的路而得到. 由引理 1.3.1,我们有

$$\mu_2(T) \geqslant \mu_2(T_1) = 3 > \frac{3+\sqrt{5}}{2}.$$

把 $\mu_2(T_n^i) = \dfrac{3+\sqrt{5}}{2}$ $(i \geqslant 3)$ 和情形 1—3 相结合,结论成立. ■

推论 4.3.2　设 T 是顶点数为 $n = 2k \geqslant 6$ 且有完美匹配的树,则有 $\mu_2(T) \geqslant \dfrac{3+\sqrt{5}}{2}$,等式成立,当且仅当 $T \cong T_n^k$.

下面,我们给出本节的主要结果.

定理 4.3.4　设 T 是顶点数为 $n = 2k$ 且有完美匹配的树,则有

(1) 假如 $k = 2t$,则

$$\mu_2(T) \leqslant \frac{t+2+\sqrt{t^2+4}}{2},$$

等式成立,当且仅当存在 T 的一条边 e 使得 $T-e \cong 2T_{2t}^t$.

(2) 假如 $k = 2t+1$,则 $\mu_2(T) \leqslant r$,其中 r 是如下方程的最大根:

$$x^3 - (t+5)x^2 + (3t+7)x - 2t - 1 = 0,$$

等式成立,当且仅当存在 T 的一条边 e 使得 $T-e \cong 2T_{2t+1}^t$.

进一步,$t+2 \leqslant r < \dfrac{t+4+\sqrt{t^2+4}}{2}$,$r$ 是关于 t 的严格上升的函数且左边等式成立,当且仅当 $t=1$.

证明 我们首先证明(1)成立.在引理 4.3.1 中取 $a=2t-1$,则存在一个点 $v \in T$,使得在 $T-v$ 中有一个连通分支,设为 T_0,其点数满足 $n_0 = |V(T_0)| \leqslant n-a-1 = 2t$,而其他的连通分支,设为 $T_i(i=1,2,\cdots,s)$,其点数都不超过 $2t-1$.设 $v_0,v_1,\cdots,v_s$ 是 T 中的点且满足 $v_i \in V(T_i)$,$vv_i \in E(T)$ $(i=0,1,2,\cdots,s)$.对每一个 i $(i=0,1,2,\cdots,s)$,令 T_i' 是由 T_i 通过在点 v_i 引出一条新的悬挂边 $v_i v_i'$ 而得到.则有 $|V(T_i')| = |V(T_i)|+1$,不失一般性,我们可以假定

$$L_v(T) = \begin{pmatrix} \boldsymbol{L}(T_0)+\boldsymbol{E}_0 & 0 & \cdots & 0 \\ 0 & \boldsymbol{L}(T_1)+\boldsymbol{E}_1 & \cdots & 0 \\ \vdots & \vdots & \ddots & \vdots \\ 0 & 0 & \cdots & L(\boldsymbol{T}_s)+\boldsymbol{E}_s \end{pmatrix},$$

其中 $\boldsymbol{E}_i(i=0,1,2,\cdots,s)$ 是一个 $|V(T_i)|$ 阶矩阵,其元素只在第一行和第一列为 1,在其他位置为 0.

下面,我们分如下两种情形讨论:

情形 1 假设 $|V(T_0)| \leqslant 2t-1$,则 $|V(T_i)| \leqslant 2t-1$,$i=0,1,2,\cdots,s$.因为 T 有一个完美匹配,则对某一个 $i(i=0,1,2,\cdots,s)$,边 vv_i 一定在 T 的完美匹配里.因此 $|V(T_i)|$ 是奇数,T_i' 有一个完美匹配,且 $|V(T_i')| \leqslant 2t$.由定理 1.3.2,定理 1.3.4 和推论 4.3.1,我们有

$$\rho(D(T_i)+A(T_i)+\boldsymbol{E}_i) < \rho(D(T_i')+A(T_i'))$$
$$= \mu_1(T_i')$$
$$\leqslant \mu(T_{2t}^t)$$
$$= \frac{t+2+\sqrt{t^2+4}}{2};$$

同样,假如 $j \neq i$,则 $|V(T_j)|$ 是偶数且 T_j 有完美匹配. 令 T_j'' 是由 T_j' 通过在点 v_j' 引出一条新的悬挂边 $v_j' v_j''$ 而得到,则有 $|V(T_j'')| \leqslant 2t$ 且 T_j'' 也有一个完美匹配. 由定理 1.3.2,定理 1.3.4 和推论 4.3.1,我们有

$$\rho(D(T_j) + A(T_j) + \boldsymbol{E}_j) < \rho(D(T_j'') + A(T_j''))$$
$$= \mu(T_j'')$$
$$\leqslant \mu(T_{2t}^t)$$
$$= \frac{t + 2 + \sqrt{t^2 + 4}}{2}.$$

从而,由定理 1.3.5,定理 1.3.4 和上述讨论,我们有

$$\mu_2(T) = \lambda_2(D(T) + A(T))$$
$$\leqslant \max_{i = 0, 1, \cdots, s} \{\rho(D(T_i) + A(T_i) + \boldsymbol{E}_i)\}$$
$$< \mu(T_{2t}^t)$$
$$= \frac{t + 2 + \sqrt{t^2 + 4}}{2},$$

其中,$\lambda_2(D(T) + A(T))$ 表示 $D(T) + A(T)$ 的第二大特征值.

情形 2　假设 $|V(T_0)| = 2t$,则存在 T 的一条边 $e = v_0 v$ 使得

$$T - v_0 v \cong T_0 \bigcup H \text{ 和 } |V(T_0)| = |V(H)| = 2t.$$

因为 T 有完美匹配,则 T_0 和 H 都有完美匹配. 由引理 1.3.1 和推论 4.3.1,我们有

$$\mu_2(T) \leqslant \max\{\mu(T_0), \mu(H)\} \leqslant \mu(T_{2t}^t) = \frac{t + 2 + \sqrt{t^2 + 4}}{2}.$$

$$(4 - 3 - 1)$$

下面,我们只需要证明(1)中等式成立,当且仅当存在 T 的一条边 e 使

得 $T-e=2T_{2t}^t$. 我们分如下两种子情形讨论：

子情形 2.1 假设既不是 $T_0\cong T_{2t}^t$ 也不是 $H\cong T_{2t}^t$，则有引理 1.3.1 和推论 4.3.1，我们有

$$\mu_2(T)\leqslant \max\{\mu(T_0),\mu(H)\}$$
$$<\mu(T_{2t}^t)$$
$$=\frac{t+2+\sqrt{t^2+4}}{2}.$$

子情形 2.2 假设 $T_0\cong T_{2t}^t$ 或 $H\cong T_{2t}^t$. 不失一般性，我们可以假设 $T_0\cong T_{2t}^t$. 由推论 4.3.1，我们有

$$\Phi\left(T_0;\frac{t+2+\sqrt{t^2+4}}{2}\right)=0$$

（a）假如 $H\not\cong T_{2t}^t$，则由推论 4.3.1，我们有 $\mu(H)<\dfrac{t+2+\sqrt{t^2+4}}{2}$. 因此，

$$\Phi\left(H;\frac{t+2+\sqrt{t^2+4}}{2}\right)>0.$$

由定理 1.4.2，我们有

$$\Phi(T)=\Phi(T_0)\Phi(H)-\Phi(T_0)\Phi(\boldsymbol{L}_v(H))-\Phi(H)\Phi(\boldsymbol{L}_{v_0}(T_0)).$$

因此，我们有

$$\Phi\left(T;\frac{t+2+\sqrt{t^2+4}}{2}\right)$$
$$=-\Phi\left(H;\frac{t+2+\sqrt{t^2+4}}{2}\right)\Phi\left(\boldsymbol{L}_{v_0}(T_0);\frac{t+2+\sqrt{t^2+4}}{2}\right).$$

由定理 1.3.2，定理 1.3.4，定理 1.3.6，和推论 4.3.1，我们有

$$\rho(\boldsymbol{L}_{v_0}(T_0)) \leqslant \rho(\mid \boldsymbol{L}_{v_0}(T_0) \mid)$$

$$< \rho(\mid \boldsymbol{L}(T_0) \mid)$$

$$= \rho(D(T_0) + A(T_0))$$

$$= \mu(\boldsymbol{L}(T_0))$$

$$= \frac{t + 2 + \sqrt{t^2 + 4}}{2}.$$

则

$$\Phi\left(\boldsymbol{L}_{v_0}(T_0); \frac{t + 2 + \sqrt{t^2 + 4}}{2}\right) > 0.$$

因此,我们有

$$\Phi\left(T; \frac{t + 2 + \sqrt{t^2 + 4}}{2}\right) < 0.$$

从而

$$\mu_2(T) \neq \frac{t + 2 + \sqrt{t^2 + 4}}{2}.$$

与式(4-3-1)相结合,我们有

$$\mu_2(T) < \frac{t + 2 + \sqrt{t^2 + 4}}{2}.$$

(b) 假如 $H \cong T_{2t}^t$,由引理 1.3.1,我们有

$$\mu_2(T) = \frac{t + 2 + \sqrt{t^2 + 4}}{2}.$$

通过上述讨论,(1)成立.

最后,我们大体给出(2)的证明的一般思路. 通过与定理 4.3.2 类似的

证明，$r = \mu(T^t_{2t+1})$ 是关于 t 的严格上升的函数. 令

$$f(x) = x^3 - (t+5)x^2 + (3t+7)x - 2t - 1.$$

因为

$$f(0) = -2t - 1 < 0,$$
$$f(1) = 1 - (t+5) + 3t + 7 - 2t - 1 = 2 > 0,$$
$$f(x) = (x-3)(x^2 - 3x + 1) \ (t=1),$$
$$f(t+2) = 1 - t < 0 \ (t \geqslant 2),$$
$$f\left(\frac{t+4+\sqrt{t^2+4}}{2}\right) = 2 > 0,$$

我们有 $t + 2 \leqslant r < \dfrac{t+4+\sqrt{t^2+4}}{2}$，且左边的等式成立，当且仅当 $t = 1$.

在引理 4.3.1 中取 $a = 2t$，则存在一个点 $v \in T$ 使得在 $T - v$ 中有一个连通分支，设为 $\widetilde{T}_0$，其点数满足 $n_0 \leqslant 2t + 1$；而其他的剩余连通分支，设为 $\widetilde{T}_i (i = 1, 2, \cdots, k)$，每一个的点数都不超过 $2t$. 应用引理 4.3.2 而不是推论 4.3.1 且在 (1) 的证明中用 $\mu(T^t_{2t+1}) = r$ 代替 $\mu(T^t_{2t}) = \dfrac{t+2+\sqrt{t^2+4}}{2}$，与 (1) 的证明类似，我们可以证明 (2) 成立. 证毕.

4.4　树的第 k 大拉普拉斯特征值

对任意一个实数 x，令 $\lceil x \rceil$ 表示不小于 x 的最小整数. 在本节中，我们得到了如下结果.

设 T 是有 n 个顶点的树，则有 $\mu_k(T) \leqslant \left\lceil \dfrac{n}{k} \right\rceil$，等式成立，当且仅当 $k <$

n, $k \mid n$ 且 T 包含 $kK_{1,\frac{n}{k}-1}$ 作为支撑子图,其中,$kK_{1,\frac{n}{k}-1}$ 表示 k 个星图 $K_{1,\frac{n}{k}-1}$ 的不交并.

令 $m_G(\lambda)$ 表示 λ 作为 $L(G)$ 的特征值的重数.

引理 4.4.1[40]　设 T 是有 n 个顶点的树. 假如 $\lambda > 1$ 是 $L(T)$ 的整数特征值且其对应的特征向量为 u,则有

(1) $\lambda \mid n$(即 λ 恰好整除 n);

(2) $m_T(\lambda) = 1$;

(3) u 中没有零元素.

设 $G_1 = (V_1, E_1)$ 和 $G_2 = (V_2, E_2)$ 是两个点不交的连通图. 在 G_1 和 G_2 之间任意添加一条边,得到一个新图,称为 G_1 和 G_2 的一个连通和. 易见,G_1 和 G_2 的连通和一般情况下不唯一. 如下的结果归功于 Grone,Merris 和 Sunder[40].

引理 4.4.2　设 G 是有 n 个顶点的图. 令 H 是 G 和 $K_{1,k-1}$ 的一个连通和,则有 $m_G(k) = m_H(k)$.

定理 4.4.1　设 T 是有 $n = ki$ 个顶点的树,则有 $\mu_k(T) \leqslant i$.

证明　固定 i. 对 k 利用数学归纳法. 假如 $k = 1$,结论显然成立. 假设对任意的有 $(k-1)i$ 个点的树 T^*,有 $\mu_{k-1}(T^*) \leqslant i$ $(k \geqslant 2)$. 令 T 是一棵有 $n = ki$ 个点的树,我们只需要证明 $\mu_k(T) \leqslant i$.

在引理 4.3.1 中取 $a = i - 1$,则 $a \leqslant n - a - 1$. 因此存在一个点 $v \in V(T)$ 使得在 $T - v$ 中有一个连通分支,设为 T_0,其点数满足

$$n_0 = \mid T_0 \mid \leqslant n - a - 1 = n - i = (k-1)i,$$

而剩余的其他连通分支,设为 $T_j(j = 1, 2, \cdots, s)$,其点数都不超过 $i - 1$. 设 $v_0, v_1, \cdots, v_s$ 是 T 中的点且满足 $v_j \in V(T_j)$,$vv_j \in E(T)$ $(j = 0, 1, \cdots, s)$. 对每一个 j $(0 \leqslant j \leqslant s)$,令 T_j' 是由 T_j 在点 v_j 引出一条悬挂边 $v_j v$ 而得到,则 $\mid T_j' \mid = \mid T_j \mid + 1$;对树 T 中的点给一个适当的排序,我们可以假

设

$$
\boldsymbol{L}_v(T) = \begin{pmatrix} \boldsymbol{L}_v(T'_0) & 0 & \cdots & 0 \\ 0 & \boldsymbol{L}_v(T'_1) & \cdots & 0 \\ \vdots & \vdots & \ddots & \vdots \\ 0 & 0 & \cdots & \boldsymbol{L}_v(T'_s) \end{pmatrix}.
$$

我们考虑如下两种情形:

情形 1　$|T_0| \leqslant (k-1)i-1$. 设 $\widetilde{T}_0$ 是由 T'_0 在点 v 引出 $(k-1)i - |T'_0|$ 条新的悬挂边而得到,则有 $|\widetilde{T}_0| = (k-1)i$. 特别地,假如 $|T_0| = (k-1)i-1$,则 $\widetilde{T}_0 = T'_0$. 由引理 1.3.1,定理 1.3.5 和归纳假设,我们有

$$
\mu_{k-1}(\boldsymbol{L}_v(T'_0)) \leqslant \mu_{k-1}(\boldsymbol{L}(T'_0)) \leqslant \mu_{k-1}(\widetilde{T}_0) \leqslant i.
$$

由定理 1.3.5,我们有

$$
\lambda_1(\boldsymbol{L}_v(T'_j)) \leqslant \mu(\boldsymbol{L}(T'_j)) \leqslant i \ (1 \leqslant j \leqslant s),
$$

其中 $\lambda_i(\boldsymbol{B})$ 表示矩阵 $\boldsymbol{B}$ 的第 i 大特征值.

则 $\lambda_{k-1}(\boldsymbol{L}_v(T)) \leqslant i$. 由定理 1.3.5,我们有

$$
\mu_k(T) \leqslant \lambda_{k-1}(\boldsymbol{L}_v(T)) \leqslant i.
$$

情形 2　$|T_0| = (k-1)i$. 去掉 T 中边 vv_0,我们有

$$
T - vv_0 = T_v \bigcup T_0, \ |T_v| = i \text{ 且 } |T_0| = (k-1)i,
$$

其中 T_v 和 T_0 分别是 $T-vv_0$ 的两个连通分支,则 $\mu(T_v) \leqslant i$. 由归纳假设,我们有 $\mu_{k-1}(T_0) \leqslant i$. 由引理 1.3.1,我们有

$$
\mu_k(T) \leqslant \mu_{k-1}(\widetilde{T} - vv_0) \leqslant \max\{\mu_{k-1}(T_0), \mu(T_v)\} \leqslant i.
$$

证毕. ■

定理 4.4.2　设 T 是有 $n = ki + r \ (1 \leqslant r \leqslant k-1)$ 个顶点的树,则有

$\mu_k(T) < i+1.$

证明 设 $\hat{T}$ 是以 T 为其子树且具有 $n+k-r=k(i+1)$ 个点的树,令 T' 是有 $n+1$ 个顶点的 $\hat{T}$ 的子树且以 T 为其子树. 由引理 1.3.1 和定理 4.4.1,我们有

$$\mu_k(T) \leqslant \mu_k(T') \leqslant \mu_k(\hat{T}) \leqslant i+1.$$

从而有 $\mu_k(T) < i+1$,否则,由引理 4.4.1,有 $(i+1) \mid n$ 和 $(i+1) \mid (n+1)$,得到矛盾. 证毕. ■

定理 4.4.3 设 T 是有 $n=ki$ $(i \geqslant 2)$ 个顶点的树,则有 $\mu_k(T)=i$ 当且仅当 T 包含 $kK_{1,i-1}$ 作为一个支撑子图.

证明 若 T 包含 $kK_{1,i-1}$ 作为一个支撑子图. 注意到

$$\mu(kK_{1,i-1}) = \mu_2(kK_{1,i-1}) = \cdots = \mu_k(kK_{1,i-1}) = i$$

和

$$\mid E(T) \mid - \mid E(kK_{1,i-1}) \mid = k-1.$$

由引理 1.3.1 和定理 4.4.1,我们有

$$i = \mu_k(kK_{1,i-1}) \leqslant \mu_k(T) \leqslant i.$$

从而,充分性成立. 下面,我们考虑必要性.

固定 i. 对 k 利用数学归纳法. 假如 $k=1$,结论显然成立. 假定对 $n=(k-1)i$ $(k \geqslant 2)$,必要性成立. 下面,我们只需证明假如 T 是一棵有 $n=ki$ 个顶点的树且 $\mu_k(T)=i$,则 T 包含 $kK_{1,i-1}$ 作为一个支撑子图.

由定理 4.4.1 的证明,存在一个点 $v \in V(T)$ 使得有一个 $T-v$ 的连通分支,设为 T_0,其顶点数满足

$$n_0 = \mid T_0 \mid \leqslant n-a-1 = n-i = (k-1)i.$$

而剩余的连通分支,设为 $T_j (j=1,2,\cdots,s)$,其点数都不超过 $i-1$. 令 v_0,

$v_1, \cdots, v_s$ 和 T'_j 如在定理 4.4.1 的证明中所定义. 我们分如下三种情形讨论:

情形 1 假设 $|T_0| \leqslant (k-1)i-2$, 则有

$$|T'_0| = |T_0| + 1 \leqslant (k-1)i-1.$$

由定理 1.3.5 和定理 4.4.2, 我们有

$$\lambda_{k-1}(\boldsymbol{L}_v(T'_0)) \leqslant \mu_{k-1}(T'_0) < i.$$

由定理 1.3.5, 我们有

$$\lambda_1(\boldsymbol{L}_v(T'_j)) \leqslant \mu(T'_j) \leqslant i \ (1 \leqslant i \leqslant s).$$

下面, 我们证明对 $1 \leqslant j \leqslant s$, 有 $\lambda_1(\boldsymbol{L}_v(T'_j)) < i$. 假如 $i=2$, 容易证明结论成立. 假定 $i > 2$ 且对某一个 j, $\lambda_1(\boldsymbol{L}_v(T'_j)) = i$, 则 $\mu(T'_j) = i$, 从而 $T'_j = K_{1,i-1}$, 因此 $T_j = K_{1,i-2}$. 考虑矩阵 $\boldsymbol{L}_v(T'_j)$ 的特征多项式, 我们有

$$\det(\lambda \boldsymbol{I} - \boldsymbol{L}_v(T'_j)) = \begin{vmatrix} \lambda-i+1 & 1 & \cdots & 1 \\ 1 & \lambda-1 & \cdots & 0 \\ \vdots & \vdots & \ddots & \vdots \\ 1 & 0 & \cdots & \lambda-1 \end{vmatrix}$$
$$= (\lambda-1)^{i-3}(\lambda^2 - i\lambda + 1),$$

则 $L_v(T'_j)$ 的最大特征值是 $\dfrac{i+\sqrt{i^2-4}}{2} < i$, 得到一个矛盾. 因此, 我们有

$$\lambda_1(\boldsymbol{L}_v(T'_j)) < i \ (1 \leqslant j \leqslant s).$$

由定理 1.3.5, 我们有 $\mu_k(T) \leqslant \lambda_{k-1}(\boldsymbol{L}_v(T)) < i$, 得到矛盾.

情形 2 假定 $|T_0| = (k-1)i-1$, 由定理 1.3.5 和定理 4.4.1, 我们有

$$\lambda_{k-1}(\boldsymbol{L}_v(T'_0)) \leqslant \mu_{k-1}(T'_0) \leqslant i.$$

下面我们证明 $\lambda_{k-1}(L_v(T'_0)) < i$. 为此,假设 $\mu_{k-1}(T'_0) = i$. 因为 $|T'_0| = (k-1)i$,由归纳假设,T'_0 包含 $(k-1)K_{1,i-1}$ 作为一个支撑子图. 假如 $k = 2$,则 $|T'_0| = i$ 且与情形 1 讨论 $\lambda_1(L_v(T'_j))$ 类似,我们有 $\lambda_1(L_v(T'_0)) < i$. 因此,我们可以假设 $k \geqslant 3$. 因为 T'_0 包含 $(k-1)K_{1,i-1}$ 作为一个支撑子图,则存在 T'_0 的一条边 e 使得

$$T'_0 - e \cong K_{1,i-1} \bigcup \widetilde{T}_0, \quad v \notin V(K_{1,i-1}).$$

因此,我们有

$$T - e \cong K_{1,i-1} \bigcup \widetilde{T}_1, \quad |\widetilde{T}_1| = (k-1)i,$$

其中,$\widetilde{T}_1$ 是 $T - e$ 的连通分支. 由引理 4.4.1,有 $m_T(i) = 1$. 从而,由引理 1.3.1 和引理 4.4.2,我们有

$$\mu_k(T-e) \leqslant \mu_k(T) = i, \; i < \mu_{k-1}(T) \leqslant \mu_{k-2}(T-e), \; m_{T-e}(i) = 2.$$

则 $\mu_{k-1}(\widetilde{T}_1) = i$. 由归纳假设,$\widetilde{T}_1$ 包含 $(k-1)K_{1,i-1}$ 作为一个支撑子图. 则 T 包含 $kK_{1,i-1}$ 作为一个支撑子图,与点 v 的存在性矛盾.

情形 3　假定 $|T_0| = (k-1)i$,则 $T - vv_0 = T_0 \bigcup \widetilde{T}_2$,其中 $\widetilde{T}_2$ 是 $T - vv_0$ 的一个连通分支且 $|\widetilde{T}_2| = i$. 由定理 4.4.1,我们有 $\mu_{k-1}(T_0) \leqslant i$,$\mu_1(\widetilde{T}_2) \leqslant i$. 因此,我们有 $\mu_k(T - vv_0) \leqslant i$ 和 $\mu_{k-1}(T - vv_0) \leqslant i$. 由引理 1.3.1,我们有 $\mu_{k-1}(T - vv_0) \geqslant \mu_k(T) = i$,则 $\mu_{k-1}(T - vv_0) = i$. 因此,我们有 $\mu_{k-1}(T_0) = i$ 或 $\mu(\widetilde{T}_2) = i$.

假如 $\mu_{k-1}(T_0) = i$,由归纳假设,T_0 包含 $(k-1)K_{1,i-1}$ 作为一个支撑子图. 从而,连续应用引理 4.4.2,我们有 $m_{\widetilde{T}_2}(i) = m_T(i) = 1$. 因此 $\mu(\widetilde{T}_2) = i$. 另一方面,假如 $\mu(\widetilde{T}_2) = i$,取 $e = vv_0$,我们得到了关于 T 和 $T - e$ 的拉普拉斯特征值的类似于情形 2 的关系,因此,$\mu_{k-1}(T_0) = i$. 从而,在这两种情形中,$\widetilde{T}_2 = K_{1,i-1}$,$T_0$ 包含 $(k-1)K_{1,i-1}$ 作为一个支撑子图. 因此,T 包含 $kK_{1,i-1}$ 为一个支撑子图. 证毕.

下面,我们给出本节的主要结果.

定理 4.4.4　设 T 是有 n 个顶点的树,则 $\mu_k(T) \leqslant \left\lceil \dfrac{n}{k} \right\rceil$,等式成立,当且仅当 $k < n$,$k \mid n$ 且 T 包含 $kK_{1,\frac{n}{k}-1}$ 为一个支撑子图.

证明　令 $n = ki + r$,$0 \leqslant r \leqslant k-1$.假如 $r=0$,由定理 4.4.1 和定理 4.4.3,结论成立.假如 $0 < r \leqslant k-1$,由定理 4.4.2,结论成立. ■

推论 4.4.1　设 T 是有 $n = 2k$ 个顶点的树,则 $\mu_k(T) \leqslant 2$,等式成立,当且仅当 T 有完美匹配.

小结:在本章中,我们研究了具有固定直径的树的拉普拉斯谱半径,利用该结果,按拉普拉斯谱半径从大到小,我们对树进行了排序;给出了树的第二大的拉普拉斯特征值的可达的上下界以及树的第 k 大的拉普拉斯特征值的可达的上界.

第 **5** 章

图的拉普拉斯特征值的分布

5.1 分布在某一区间的拉普拉斯特征值的重数

设 S 是实数域上的某一区间,用 $m_G(S)$ 表示落在该区间上图 G 的拉普拉斯特征值的重数.

一条边与两个点相关联,称该边覆盖了这两个点. 覆盖了 G 中全部点的边的集合称为 G 的一个边覆盖. 含边数最少的边覆盖,称为 G 的一个最小边覆盖,最小边覆盖所含的边数,称为 G 的边覆盖数,记作 $\alpha_1(G)$.

在 1990 年,R. Grone[40]等人证明了如下结果:

设 G 是顶点数为 n、悬挂点数为 $p(G) \triangleq p$、与悬挂点相邻接的点(称为准悬挂点)数为 $q(G) \triangleq q$、直径为 d 的连通图. 令 $\lfloor x \rfloor$ 表示不超过 x 的最大整数. 则

(1) $$m_G[0,1] \geqslant p.$$

(2) $$m_G[0,1) \geqslant q. \tag{5-1-1}$$

(3) $$m_G[1,n] \geqslant p. \tag{5-1-2}$$

(4) $$m_G(1, n] \geqslant q.$$

(5) $$m_G(2, n] \geqslant \left\lfloor \dfrac{d}{2} \right\rfloor. \qquad (5-1-3)$$

(6) $$m_T(0, 2) \geqslant \left\lfloor \dfrac{d}{2} \right\rfloor,$$

其中 T 是一棵树.

在 1991 年, R. Merris[71]证明假如 $n > 2q(G)$, 则有

$$m_G(2, n] \geqslant q(G). \qquad (5-1-4)$$

最近, 郭继明和谭尚旺[42]证明假如 $n > 2\beta(G)$, 则有

$$m_G(2, n] \geqslant \beta(G), \qquad (5-1-5)$$

其中 $\beta(G)$ 表示 G 的匹配数.

注意到 $\beta(G) \geqslant q(G)$ 和 $\beta(G) \geqslant \left\lfloor \dfrac{d}{2} \right\rfloor$. 因此, 假如 $n > 2\beta(G)$, 则界 (5-1-5)总是比界(5-1-3)和界(5-1-4)好.

本节继续研究落在某一区间上的图 G 的拉普拉斯特征值的重数与图的某些不变量之间的关系.

引理 5.1.1[33]   设 G 是有 n 个顶点且没有孤立点的图, 则有 $\alpha_1(G) + \beta(G) = n$.

引理 5.1.2[41]   设 G 是有 $n > 2$ 个顶点的连通图, w 是 G 的一个点且与 k 个悬挂点相邻接, 则 $\mu_2(G) \leqslant n - k$.

定理 5.1.1   设 G 是有 n 个顶点的连通图, 则有

$$m_G[1, n] \geqslant \alpha_1(G) \qquad (5-1-6)$$

且假如 $\beta(G) = q(G)$, 则等式成立.

证明   因为 $\alpha_1(G) \leqslant \alpha_1(T)$, 其中 T 是 G 的任意一棵支撑树, 由引理

1.3.1,我们只需要证明下界对树成立即可. 对 n 使用数学归纳法,假如 $n =$ 1,2 和 3,不难证明结论成立. 假设结论对不超过 $k(\geqslant 3)$ 个点的树成立且设 T 是有 $k+1$ 个顶点的树. 假如 $T = K_{1,k}$,则

$$m_{K_{1,k}}[1, k+1] = k = \alpha_1(K_{1,k}).$$

假如 $T \neq K_{1,k}$,因为 $k+1 \geqslant 4$,则 $\beta(T) \geqslant 2$. 由引理 5.1.1,我们有 $\alpha_1(T) \leqslant k-1$. 注意到 T 的每一个边覆盖一定包含 T 的所有悬挂边. 则存在 T 的一条边 e 满足 $\alpha_1(T-e) = \alpha_1(T)$ 且 $T-e$ 有两个连通分支,设为 T_1 和 T_2,其中每一个至少含有 2 个顶点. 对 T_1 和 T_2 使用归纳假设,由引理 1.3.1,我们有

$$\begin{aligned}
m_T[1, k+1] &\geqslant m_{T-e}[1, k+1] \\
&= m_{T_1}[1, k+1] + m_{T_2}[1, k+1] \\
&\geqslant \alpha_1(T_1) + \alpha_1(T_2) \\
&= \alpha_1(T-e) \\
&= \alpha_1(T).
\end{aligned}$$

下界成立. 下面证明假如 $\beta(G) = q(G)$,则 $m_G[1, n] = \alpha_1(G)$. 由不等式 $(5-1-1)$ 和定理 5.1.1,我们有

$$n = \alpha_1(G) + \beta(G) = \alpha_1(G) + q(G) \leqslant m_G[1, n] + m_G[0, 1) = n.$$

结论成立.

注意到 $\alpha_1(G) \geqslant p(G)$. 因此,界 $(5-1-6)$ 比界 $(5-1-2)$ 要好.

通过与定理 5.1.1 相同的证明,我们有如下结果.

推论 5.1.1　设 G 是有 n 个顶点的连通图,则有 $m_G[1, n] \geqslant \bar{\alpha}_1(G)$,其中 $\bar{\alpha}_1(G)$ 是 G 的所有支撑树中最大的边覆盖数,且假如 $\bar{\alpha}_1(G) + q(G) = n$,则等式成立.

推论 5.1.2　设 G 是有 n 个顶点的连通图,则有

$$q(G) \leqslant m_G[0,\,1) \leqslant \beta(G).$$

证明 下界已在文献[40]中被证明. 我们只证明上界成立. 由定理 5.1.1, 我们有

$$n = m_G[0,\,1) + m_G[1,\,n] \geqslant m_G[0,\,1) + \alpha_1(G).$$

把上式与引理 5.1.1 相结合, 我们有 $m_G[0,\,1) \leqslant n - \alpha_1(G) = \beta(G)$. 证毕. ■

定理 5.1.2 设 G 是有 n 个顶点的连通图, 则有 $m_G[0,\,2) \leqslant \alpha_1(G)$.

证明 因为 $n = m_G[0,\,2) + m_G[2,\,n]$, 由引理 1.3.1, 我们有 $m_G[2,\,n] \geqslant \beta(G)$. 由引理 5.1.1, 我们有

$$m_G[0,\,2) = n - m_G[2,\,n] \leqslant n - \beta(G) = \alpha_1(G).$$

结论成立. ■

与界 (5-1-5) 相结合, 通过与上面相同的讨论, 我们有

推论 5.1.3 设 G 是有 n 个顶点的连通图且没有完美匹配. 则有 $m_G[0,\,2] \leqslant \alpha_1(G)$, 即假如 $\mu_k(G) \leqslant 2$, 则有 $\alpha_1(G) \geqslant n-k+1$.

推论 5.1.4 设 G 是有 n 个顶点的连通图, 则有 $m_G(1,\,2) \leqslant \alpha_1(G) - p(G)$.

证明 因为 $m_G[0,\,1] \geqslant p(G)$, 由定理 5.1.2, 结论成立. ■

推论 5.1.5 设 G 是有 n 个顶点的连通图. 假如 $n > 2\beta(G)$, 则

$$m_G(1,\,2] \leqslant \alpha_1(G) - p(G).$$

定理 5.1.3 设 G 是有 n 个顶点的连通图, 则假如 $\mu_k(G) = 1$, $k \leqslant \left\lfloor \dfrac{n}{2} \right\rfloor$, 则有

$$\mu_{k+1}(G) = \cdots = \mu_{n-k+1}(G) = 1.$$

证明 由定理 5.1.1 和推论 5.1.3, 结论成立. ■

定理 5.1.4　设 G 是有 n 个顶点的连通图且其准悬挂点为 $\{v_1, \cdots, v_q\}$. 令 p_i 是与 v_i 相邻接的悬挂点的个数且满足 $p_1 \geqslant p_2 \geqslant \cdots \geqslant p_q$ 和 $\sum\limits_{i=1}^{q} p_i = p$. 则有

（1）$\mu_i(G) \leqslant \dfrac{n-p+p_i+1+\sqrt{(n-p+p_i+1)^2-4(n-p)}}{2}$,

$1 \leqslant i \leqslant q$;

（2）$m_G[0, n-p] \geqslant n-q$;

（3）$m_G\left[0, \dfrac{n-p+p_q+1-\sqrt{(n-p+p_q+1)^2-4(n-p)}}{2}\right] \geqslant q.$

$$(5-1-7)$$

证明　不失一般性,我们假设对每一个 $i(1 \leqslant i \leqslant q)$, $v_{ij}(j=1, 2, \cdots, p_i)$ 是与 v_i 相邻接的全部悬挂点,剩下的点为 $u_1, u_2, \cdots, u_{n-p-q}$. 令 G^* 是由 G 通过加边使得由 $u_1, u_2, \cdots, u_{n-p-q}$; $v_1, v_2, \cdots, v_q$ 所构成的诱导子图为完全图,对每一个 $i(1 \leqslant i \leqslant q)$, $v_{ij}(j=1, 2, \cdots, p_i)$ 仍是悬挂点而得到. 则

$$\boldsymbol{L}(G^*) = \begin{pmatrix} \boldsymbol{L}(K_{n-p-q})+q\boldsymbol{I}_{n-p-q} & -\boldsymbol{J}_{(n-p-q)\times q} & 0 \\ -\boldsymbol{J}_{q\times(n-p-q)} & \boldsymbol{B} & \boldsymbol{C} \\ 0 & \boldsymbol{C}^{\mathrm{T}} & \boldsymbol{I}_p \end{pmatrix},$$

其中 $\boldsymbol{B} = \begin{pmatrix} n-p+p_1-1 & -1 & \cdots & -1 \\ -1 & n-p+p_2-1 & \cdots & -1 \\ \vdots & \vdots & \ddots & \vdots \\ -1 & -1 & \cdots & n-p+p_q-1 \end{pmatrix}$ 是一个

对应于点 $v_1, v_2, \cdots, v_q$ 的 q 阶方阵, $\boldsymbol{C}$ 是一个对应于点 $v_1, v_2, \cdots, v_q$ 和悬挂点的元素为 0 或 -1 的 $q \times p$ 阶矩阵. 则 $\boldsymbol{L}(G^*)$ 的特征多项式有如下

形式：

$$\Phi(G^*, x)$$

$$= x(x-1)^{p-q}(x-n+p)^{n-p-q-1}\Big[\prod_{i=1}^{q}((x-1)(x-n$$

$$+p-p_i)-p_i)+\sum_{k=1}^{q}p_k\prod_{\substack{i=1\\i\neq k}}^{q}((x-1)(x-n+p-p_i)-p_i)\Big]$$

$$= x(x-1)^{p-q}(x-n+p)^{n-p-q-1}\Big[\prod_{i=1}^{q}(x^2-(n-p+p_i$$

$$+1)x+n-p)+\sum_{k=1}^{q}p_k\prod_{\substack{i=1\\i\neq k}}^{q}(x^2-(n-p+p_i+1)x+n-p)\Big]$$

$$\triangleq x(x-1)^{p-q}(x-n+p)^{n-p-q-1}f(x).$$

令

$$x_i=\frac{n-p+p_i+1+\sqrt{(n-p+p_i+1)^2-4(n-p)}}{2}, 1\leqslant i\leqslant q,$$

$$x_{q+j}=\frac{n-p+p_{q-j+1}+1-\sqrt{(n-p+p_{q-j+1}+1)^2-4(n-p)}}{2},$$

$$1\leqslant j\leqslant q.$$

我们有

$$f(x)=\prod_{i=1}^{q}(x-x_i)(x-x_{2q-i+1})+\sum_{k=1}^{q}p_k\prod_{\substack{i=1\\i\neq k}}^{q}(x-x_i)(x-x_{2q-i+1}).$$

容易证明

$$x_1\geqslant x_2\geqslant\cdots\geqslant x_q>n-p>x_{q+1}\geqslant x_{q+2}\geqslant\cdots\geqslant x_{2q}.$$

假如 $1\leqslant i\leqslant q, i$ 是奇数，则

$$f(x_i)\geqslant 0;$$

假如 $1 \leqslant i \leqslant q, i$ 是偶数，则

$$f(x_i) \leqslant 0,$$

$$f(n-p) = (-1)^q \prod_{i=1}^{q} (n-p) p_i + (-1)^{q-1} \sum_{k=1}^{q} p_k \prod_{\substack{i=1 \\ i \neq k}}^{q} (n-p) p_i$$

$$= (-1)^q (n-p)^{q-1} (n-p-q) \prod_{i=1}^{q} p_i \geqslant 0,$$

其中 q 是偶数；否则，$f(n-p) \leqslant 0$.

假如 $1 \leqslant j \leqslant q, q+j$ 是偶数，则 $f(x_{q+j}) \geqslant 0$；假如 $1 \leqslant j \leqslant q, q+j$ 是奇数，则 $f(x_{q+j}) \leqslant 0$.

由引理 1.3.1，结论成立.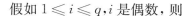

注意到

$$x_{q+1} = \frac{n-p+p_q+1-\sqrt{(n-p+p_q+1)^2-4(n-p)}}{2} < 1.$$

因此，界 $(5-1-7)$ 比界 $(5-1-1)$ 要好.

作为定理 5.1.4 的一个应用，下面，我们证明 R. Grone 和 R. Merris 的猜想对图的前两个拉普拉斯特征值成立.

假设 $(a) = (a_1, a_2, \cdots, a_r)$ 和 $(b) = (b_1, b_2, \cdots, b_s)$ 是非升的正整数序列，假如

$$\sum_{i=1}^{k} a_i \geqslant \sum_{i=1}^{k} b_i, \quad k = 1, 2, \cdots, \min\{r, s\}$$

和

$$\sum_{i=1}^{r} a_i = \sum_{i=1}^{s} b_i,$$

则称 (a) 占优 (b). (a) 的共轭记为 $(a)^* = (a_1^*, a_2^*, \cdots, a_t^*)$，其中 $t = a_1$, a_i^* 是 $\{j: a_j \geqslant i\}$ 中元素的个数. 例如，若 $(c) = (5, 5, 5, 4, 4, 4, 3)$，则 $(c)^* =$

$(7,7,7,6,3)$. 在文献[41]中,R. Grone 和 R. Merris 提出了如下猜想:

猜想:设 G 是有 n 个顶点的连通图,$d(G)=(d_1,d_2,\cdots,d_n)$ 表示 G 的非升的度序列,则 $d(G)^*$ 占优 $Spec(G)$.

因为 $d_1^*=n$,不等式 $\mu_1(G)\leqslant d_1^*$ 是显然的. 下面,我们有

定理 5.1.5 设 G 是有 n 个顶点的连通图,则有

$$\mu_1(G)+\mu_2(G)\leqslant d_1^*+d_2^*=2n-p.$$

证明 假如 $p=0$,结论显然成立. 若 $p\geqslant 1$,则可设 G 是在定理 5.1.4 中所定义的图,由引理 1.3.1,我们只需要证明

$$\mu_1(G^*)+\mu_2(G^*)\leqslant 2n-p,$$

其中 G^* 是在定理 5.1.4 的证明中所定义的图. 假如 $p\geqslant p_1+p_2+2$,则由定理 5.1.4,我们有

$$\mu_1(G^*)+\mu_2(G^*)\leqslant n-p+p_1+1+n-p+p_2+1$$
$$=2n-2p+p_1+p_2+2$$
$$\leqslant 2n-p.$$

因此,若 $q\geqslant 4$ 或 $q=3$ 和 $p_3\geqslant 2$,则结论成立. 我们分如下三种情形讨论:

情形 1 若 $q=1$,则由引理 5.1.2,我们有

$$\mu_1(G^*)+\mu_2(G^*)\leqslant n+(n-p)=2n-p.$$

结论成立.

情形 2 若 $q=2$,则有 $p=p_1+p_2$. 考虑

$$\Phi(G^*,x)=x(x-1)^{p-2}(x-n+p)^{n-p-3}\Big[\prod_{i=1}^{2}(x^2-(n-p$$
$$+p_i+1)x+n-p)+p_1(x^2-(n-p+p_2+1)x$$
$$+n-p)+p_2(x^2-(n-p+p_1+1)x+n-p)\Big]$$

$$= x(x-1)^{p-2}(x-n+p)^{n-p-3}\big[(x-1)^2(x-n$$
$$+ p_1)(x-n+p_2) - p_1 p_2\big]$$
$$\triangleq x(x-1)^{p-2}(x-n+p)^{n-p-3}g(x).$$

令 $y_1 \geqslant y_2 \geqslant y_3 \geqslant y_4$ 是方程 $g(x) = 0$ 的根,则有

$$\sum_{i=1}^{4} y_i = 2n - p + 2.$$

因为

$$g(n - p_2 + 1) \geqslant 0, \ g(n - p_2) \leqslant 0,$$
$$g(n - p_1) \leqslant 0, \ g(n - p) \geqslant 0,$$
$$g(1) \leqslant 0, \ g(0) \geqslant 0,$$

我们可以假设存在一个实数 $\delta(0 \leqslant \delta \leqslant 1)$ 使得 $y_4 = 1 - \delta$,则有

$$g(1 - \delta) = \delta^2(1 - \delta - n + p_1)(1 - \delta - n + p_2) - p_1 p_2 = 0$$

和

$$g(1 + \delta) = \delta^2(1 + \delta - n + p_1)(1 + \delta - n + p_2) - p_1 p_2.$$

从而有

$$g(1 + \delta) - g(1 - \delta) = 2\delta^3(2 + p - 2n) \leqslant 0.$$

因此 $y_3 \geqslant 1 + \delta$. 由引理 1.3.1,我们有

$$\mu_1(G^*) + \mu_2(G^*) = y_1 + y_2$$
$$= \sum_{i=1}^{4} y_i - y_3 - y_4$$
$$\leqslant 2n - p + 2 - (1 + \delta) - (1 - \delta)$$
$$= 2n - p.$$

情形 3　若 $q = 3$ 和 $p_3 = 1$,则有

$$\Phi(G^*, x) = x(x-1)^{p-3}(x-n+p)^{n-p-4}\big[(x-1)^3(x-n+p$$
$$-p_1)(x-n+p-p_2)(x-n+p-1)$$
$$-(x-1)(x-n+p)(p_1+p_2+p_1p_2)$$
$$+3p_1p_2x-p_1p_2\big]$$
$$\triangleq x(x-1)^{p-3}(x-n+p)^{n-p-4}h(x).$$

由定理 5.1.4 的证明,我们有

$$n-p+p_2 \leqslant x_2 \leqslant \mu_1(G^*) \leqslant x_1 \leqslant n-p+p_1+1 = n-p_2$$
$$h(x_1) \geqslant 0, \, h(x_2) \leqslant 0 \text{ 和 } h(x_3) \geqslant 0.$$

因为

$$h(n-p+p_2) = -(n-p+p_2-1)p_2(p_1+p_2+p_1p_2)$$
$$+3p_1p_2(n-p+p_2)-p_1p_2$$
$$= (n-p+p_2)(3p_1p_2-p_1p_2^2-p_1p_2-p_2^2)$$
$$+p_2(p_1+p_2+p_1p_2)-p_1p_2$$
$$= (n-p+p_2)(2p_1p_2-p_1p_2^2-p_2^2)+p_1p_2^2+p_2^2$$
$$= (n-p_1-1)(2p_1p_2-p_1p_2^2-p_2^2)+p_1p_2^2+p_2^2$$
$$\leqslant 4(2p_1p_2-p_1p_2^2-p_2^2)+p_1p_2^2+p_2^2$$
$$= p_2(8p_1-3p_1p_2-3p_2)$$
$$< 0 \, (p_2 \geqslant 3),$$

我们有 $\mu_2(G^*) < n-p+p_2$. 从而,假如 $p_2 \geqslant 3$, 则

$$\mu_1(G^*) + \mu_2(G^*) < n-p_2+n-p+p_2 = 2n-p.$$

下面,我们假定 $p_2 \leqslant 2$,则有两种情况出现: $p_2 = 1$ 和 $p_2 = 2$. 对每一种情况,把 p_2 代入 $h\left(n-p+p_1+\dfrac{1}{2}\right)$:

$$h\left(n-p+p_1+\frac{1}{2}\right)=\frac{1}{2}\left(n-p_2-\frac{3}{2}\right)^3\left(p_1-p_2+\frac{1}{2}\right)\left(p_1-\frac{1}{2}\right)$$

$$-\left(n-p_2-\frac{3}{2}\right)\left(p_1+\frac{1}{2}\right)\left(p_1+p_2+p_1p_2\right)$$

$$+3p_1p_2\left(n-p_2-\frac{1}{2}\right)-p_1p_2.$$

容易发现对每一情况，$h\left(n-p+p_1+\frac{1}{2}\right)$ 是关于 $n\geqslant p_1+p_2+p_3+$ $q=p_1+p_2+4$ 的上升的函数. 但将 $n=p_1+p_2+4$ 代入 $h\left(n-p+p_1+\frac{1}{2}\right)$ 得到一个正数. 从而，$\mu_1(G^*)\leqslant n-p+p_1+\frac{1}{2}$. 容易证明

$$\mu_2(G^*)\leqslant\frac{n-p+p_2+1-\sqrt{(n-p+p_2+1)^2-4(n-p)}}{2}$$

$$\leqslant n-p+p_2+\frac{1}{2}.$$

从而，我们有 $\mu_1(G^*)+\mu_2(G^*)\leqslant 2n-p$. 证毕.

5.2　加边运算对拉普拉斯特征值重数的影响

假如 B 是一个矩阵、λ 是 B 的一个特征值，我们用 $m_B(\lambda)$ 表示 λ 作为 B 的特征值的重数. 为了简单起见，我们用 $m_G(\lambda)$ 表示 λ 作为 G 的拉普拉斯特征值的重数. 在文献 [28] 中，Faria 证明对任意的图 G，有

$$m_G(1)\geqslant p(G)-q(G).$$

在文献 [40] 中，Grone 等人得到如下结果：

（1）设 T 是有 n 个顶点的树，假如 $\lambda > 1$ 是 T 的一个整数拉普拉斯特征值，则有

（a）$\lambda \mid n$（即 λ 恰好整除 n）；

（b）$m_T(\lambda) = 1$.

（2）设 λ 是有 $n \geqslant 2$ 个顶点的树 T 的一个拉普拉斯特征值，则我们有

$$m_T(\lambda) \leqslant p(T) - 1.$$

在他们的文章中，作者们指出："有大量的例子表明，对 $m_T(1)$，不可能给出一个简单的图论描述". 在本节中，我们将首先考虑加边运算对图的拉普拉斯特征值重数的影响；其次，我们将进一步的来研究 $m_T(1)$，我们给出了满足条件 $n - 6 \leqslant m_T(1) \leqslant n$ 的所有树.

引理 5.2.1[74]　设 λ 是 G 的一个拉普拉斯特征值且其对应的特征向量为 $\boldsymbol{X}$. 假如 $\boldsymbol{X}(u) = \boldsymbol{X}(v)$，则 λ 也是 G' 的一个拉普拉斯特征值且其对应的特征向量也为 $\boldsymbol{X}$，其中 G' 是由 G 通过添加边 $e = uv$（假如 $uv \notin E(G)$）或去掉边 $e = uv$（假如 $uv \in E(G)$）而得到.

下面，我们首先考虑加边运算对连通图的拉普拉斯特征值重数的影响，我们有如下结果：

定理 5.2.1　设 $H_1 \cong H_2 \cong \cdots \cong H_s (s \geqslant 2)$ 是 s 个不交的图，$V(H_i) = \{v_{i1}, v_{i2}, \cdots, v_{ik}\}$ 且对任意的 $1 \leqslant i < j \leqslant s$，$1 \leqslant p, q \leqslant k$，$v_{ip}v_{iq} \in E(H_i)$ 当且仅当 $v_{jp}v_{jq} \in E(H_j)$. 设 G 是一个具有顶点 $v_1, v_2, \cdots, v_n$ 的图，G_s 是由 G 和 $H_1, H_2, \cdots, H_s$ 通过在 G 和 $H_i(i = 1, 2, \cdots, s)$ 之间添加新边而得到且满足对任意的 $1 \leqslant i < j \leqslant s$ 和 $1 \leqslant t \leqslant k$，$N(v_{it}) \bigcap V(G) = N(v_{jt}) \bigcap V(G)$. 令 $\widetilde{G}$ 是由 G_s 通过在点 $v_{1i}, v_{2i}, \cdots, v_{si}(1 \leqslant i \leqslant k)$ 之间任意添加新边而得到，假如 λ 是 G_s 的一个拉普拉斯特征值，则我们有

（1）假如 $\lambda \notin Spec(\boldsymbol{L}_{V(G)}(G_s))$，则有 $m_{\widetilde{G}}(\lambda) \geqslant m_{G_s}(\lambda)$；

（2）假如 $\alpha(G_s) \neq \tau(\boldsymbol{L}_{V(G)}(G_s))$，则有 $\alpha(\widetilde{G}) = \alpha(G_s)$.

证明　由引理 5.2.1 和定理 2.3.1 的证明过程,容易证明(1)成立.

因为 $\alpha(G_s) \neq \tau(\boldsymbol{L}_{V(G)}(G_s))$,由引理 3.1.2,我们有 $\tau(\boldsymbol{L}_{V(G)}(G_s)) > \alpha(G_s)$.因此,$\alpha(G_s) \notin Spec\{\boldsymbol{L}_{V(G)}(G_s)\}$.由(1),$\alpha(G_s) \in Spec\{\boldsymbol{L}(\widetilde{G})\}$.由引理 1.3.1,(2)成立.证毕.　∎

由上述定理,我们有如下结果:

推论 5.2.1　设 G 是一个有 n 个顶点的图,$v_1, \cdots, v_s(s \geq 2)$ 是 G 中的 s 顶点,$G[v_1, v_2, \cdots, v_s] = sK_1$ 且 $N(v_1) = N(v_2) = \cdots = N(v_s)$,其中,$G[v_1, v_2, \cdots, v_s]$ 表示由点 $v_1, \cdots, v_s(s \geq 2)$ 所诱导产生的 G 的诱导子图.在点 $v_1, v_2, \cdots, v_s$ 上任意添加 $t\left(0 \leq t \leq \dfrac{s(s-1)}{2}\right)$ 条边,得到一个新图,记为 G_t.假如 $\alpha(G) \neq d(v_1)$,则有 $\alpha(G) = \alpha(G_t)$.

推论 5.2.2　设 v 是连通图 G 中的一个点,由点 v 引出 $s\ (s \geq 2)$ 具有相同长度(设为 k)的新路 $P_i: vv_{ik}v_{i(k-1)}\cdots v_{i1}, (i=1, 2, \cdots, s; k \geq 1)$,从而得到一个新图,记作 G_s^k.令 $G_{s; t_1, t_2, \cdots, t_k}^k$ 是由图 G_s^k 通过在点 $v_{1i}, v_{2i}, \cdots, v_{si}$,$(1 \leq i \leq k)$ 之间分别添加 $t_i\left(0 \leq t_i \leq \dfrac{s(s-1)}{2}, 1 \leq i \leq k\right)$ 边而得到的新图.假如 $\alpha(G_s^k) \neq \tau(\boldsymbol{L}_v(P_{n+1}))$,其中 v 是路 P_{n+1} 的一个悬挂点,则有

$$\alpha(G_{s; t_1, \cdots, t_k}^k) = \alpha(G_s^k).$$

设 $T_n^*(s, t)\ (s \geq t)$ 是有 n 个顶点的树,是由星图 $K_{1, s}$ 的 t 个悬挂点各分别引出一条新的悬挂边而得到,即 $T_n^*(s, t) \cong T_n^{s+1}$.易见 $n = s+t+1$.

下面,我们考虑去掉图的一条割边后对其拉普拉斯特征值重数的影响.我们首先给出如下结果.

引理 5.2.2　对 $s \geq t \geq 1$ 和 $n \neq 3$,我们有

$$m_{T_n^*(s, t)}(1) = \begin{cases} s-t-1, & s \geq t+1, \\ 0, & s = t. \end{cases}$$

证明　由定理 1.4.2,我们有

$$\Phi(T_n^*(s,t)) = x(x-1)^{s-t-1}(x^2-3x+1)^{t-1}[x_3$$

$$-(s+4)x^2+(3s+4)x-n].$$

令 $f_1(x) = x^3-3x+1$, $f_2(x) = x^3-(s+4)x^2+(3s+4)x-n$. 容易计算 $f_1(1) = -1 \neq 0$, $f_2(1) = s-t$. 从而,我们有若 $s \neq t$,则 $m_{T^*(s,t)}(1) = s-t-1$;若 $s = t$,则

$$\Phi(T_n^*(s,t)) = x(x-1)^{-1}(x^2-3x+1)^{t-1}[x_3$$

$$-(s+4)x^2+(3s+4)x-2s-1]$$

$$= x(x^2-3x+1)^{t-1}[x^2-(s+3)x+2s+1]$$

$$\triangleq x(x^2-3x+1)^{t-1}f_3(x).$$

因为 $n \neq 3$,我们有 $s \neq 1$,则 $f_3(1) = s-1 \neq 0$. 因此,对 $s = t$ 和 $n \neq 3$ 有 $m_{T_n^*(s,t)}(1) = 0$. 证毕. ■

设图 $G_1u:v$ 是由 G_1 的点 u 引出一条新的悬挂边 uv 而得到;$G_1u:vw$ 是由点 u 引出一条新的长为 2 的路 uvw 而得到. 我们有

定理 5.2.2　设 G_1 和 G_2 是两个不交图、$G = G_1u:vG_2$ 是由 G_1 和 G_2 通过连接 G_1 的某一点 u 和 G_2 的某一点 v 而得到. 则我们有

(1) 假如 $m_{G_2}(\lambda) = m_{L_v(G_2)}(\lambda)+1$,则有

$$m_G(\lambda) = m_{G_1}(\lambda)+m_{G_2}(\lambda)-1.$$

(2) 假如 $m_{G_2}(\lambda) = m_{L_v(G_2)}(\lambda)-1$,则有

$$m_G(\lambda) = m_{L_v(G_1u:v)}(\lambda)+m_{G_2}(\lambda)$$

和

$$m_G(\lambda) = m_{G_1u:vw}(\lambda)+m_{G_2}(\lambda).$$

(3) 假如 $m_{G_1}(\lambda) = m_{L_u(G_1)}(\lambda)$ 和 $m_{G_2}(\lambda) = m_{L_v(G_2)}(\lambda)$ 都成立,则有

$$m_G(\lambda) \geqslant m_{G_1}(\lambda) + m_{G_2}(\lambda).$$

证明　我们首先证明(1)成立. 由引理 1.3.1, 我们有

$$m_G(\lambda) \geqslant m_{G-uv}(\lambda) - 1 = m_{G_1}(\lambda) + m_{G_2}(\lambda) - 1. \qquad (5-2-1)$$

由定理 1.4.2, 我们有

$$\begin{aligned}
\Phi(G) &= \Phi(G_2)(\Phi(G_1) - \Phi(\boldsymbol{L}_u(G_1))) - \Phi(G_1)\Phi(\boldsymbol{L}_v(G_2)) \\
&= \Phi(G_2)\Phi(\boldsymbol{L}_v(G_1 u; v)) - \Phi(G_1)\Phi(\boldsymbol{L}_v(G_2)). \qquad (5-2-2)
\end{aligned}$$

由定理 1.3.5, 我们有

$$\begin{aligned}
m_G(\lambda) &\leqslant m_{L_v(G)}(\lambda) + 1 \\
&= m_{L_v(G_1 u; v)}(\lambda) + m_{L_v(G_2)}(\lambda) + 1 \\
&= m_{L_v(G_1 u; v)}(\lambda) + m_{G_2}(\lambda). \qquad (5-2-3)
\end{aligned}$$

由式(5-2-2)和式(5-2-3), 我们有

$$m_G(\lambda) \leqslant m_{G_1}(\lambda) + m_{\boldsymbol{L}_v(G_2)}(\lambda) = m_{G_1}(\lambda) + m_{G_2}(\lambda) - 1. \qquad (5-2-4)$$

由式(5-2-1)和式(5-2-4), (1)成立.

其次, 我们证明(2)成立. 由定理 1.3.5, 我们有

$$\begin{aligned}
m_G(\lambda) &\geqslant m_{L_v(G)}(\lambda) - 1 \\
&= m_{L_v(G_1 u; v)}(\lambda) + m_{L_v(G_2)}(\lambda) - 1 \\
&= m_{L_v(G_1 u; v)}(\lambda) + m_{G_2}(\lambda). \qquad (5-2-5)
\end{aligned}$$

由引理 1.3.1, 我们有

$$\begin{aligned}
m_G(\lambda) &\leqslant m_{G-uv}(\lambda) + 1 \\
&= m_{G_1}(\lambda) + m_{G_2}(\lambda) + 1 \\
&= m_{G_1}(\lambda) + m_{L_v(G_2)}(\lambda). \qquad (5-2-6)
\end{aligned}$$

由式(5-2-2)和式(5-2-6), 我们有

$$m_{L_v(G_1u; v)}(\lambda) + m_{G_2}(\lambda) \geqslant m_G(\lambda). \qquad (5-2-7)$$

从而,由式(5-2-5)和式(5-2-7),我们有

$$m_G(\lambda) = m_{L_v(G_1u; v)}(\lambda) + m_{G_2}(\lambda).$$

特别地,取 $G_2 = vw$,我们有 $m_{G_1u; vw}(\lambda) = m_{L_v(G_1u; v)}(\lambda)$. (2)成立.

由定理 1.4.2,容易证明(3)成立.

由定理 5.2.2,我们有如下已知的结果:

推论 5.2.3[40] 设 G_1 是一个有 $n \geqslant 1$ 个顶点的图、G 是由 G_1 和 $K_{1,s}$ 通过用一条边连接 G_1 的某一点和 $K_{1,s}$ 的某一点 v 而得到,则我们有 $m_G(s+1) = m_{G_1}(s+1)$.

证明 不失一般性,我们分如下两种情形来证明:

情形 1 假如 v 是 $K_{1,s}$ 的中心. 因为

$$\Phi(K_{1,s}) = x(x-s-1)(x-1)^{s-1} \qquad (5-2-8)$$

和

$$\Phi(L_v(K_{1,s})) = (x-1)^s. \qquad (5-2-9)$$

由式(5-2-8)和式(5-2-9),我们有

$$m_{K_{1,s}}(s+1) = m_{L_v(K_{1,s})}(s+1) + 1.$$

由定理 5.2.2 的(1),我们有 $m_G(s+1) = m_{G_1}(s+1)$.

情形 2 假如 v 是 $K_{1,s}$ 的一个悬挂点,容易计算

$$\Phi(L_v(K_{1,s})) = (x-1)^{s-2}(x^2-(s+1)x+1). \qquad (5-2-10)$$

由式(5-2-8)和式(5-2-10),我们有

$$m_{K_{1,s}}(s+1) = m_{L_v(K_{1,s})}(s+1) + 1.$$

由定理 5.2.2(1),我们有 $m_G(s+1) = m_{G_1}(s+1)$. 证毕.

进一步,我们有如下结果.

推论 5.2.4 设 G_1 是一个有 $n \geqslant 1$ 个顶点的图、G 是由 G_1 和 $K_{1,s}$($s \geqslant$ 2)通过用一条边连接 G_1 的某一点 u 和 $K_{1,s}$ 的某一点 v 而得到,则我们有

(1) 假如 v 是 $K_{1,s}$ 的一个悬挂点,则有

$$m_G(1) = m_{G_1}(1) + s - 2;$$

(2) 假如 v 是 $K_{1,s}$ 的中心,则有

$$m_G(1) = m_{G_1 u : vw}(1) + s - 1.$$

证明 假如 v 是 $K_{1,s}$ 的一个悬挂点,由式(5-2-8)和式(5-2-10),我们有

$$m_{K_{1,s}}(1) = m_{L_v(K_{1,s})}(1) + 1 = s - 1.$$

由定理 5.2.2(1),我们有

$$m_G(1) = m_{G_1}(1) + m_{K_{1,s}}(1) - 1 = m_{G_1}(1) + s - 2.$$

(1)成立.

假如 v 是 $K_{1,s}$ 的中心,则由式(5-2-8)和式(5-2-9),我们有

$$m_{K_{1,s}}(1) = m_{L_v(K_{1,s})}(1) - 1 = s - 1.$$

由定理 5.2.2(2),我们有

$$m_G(1) = m_{G_1 u : vw}(1) + s - 1.$$

(2)成立. 证毕.

由推论 5.2.4(1),我们立即有如下已知结果.

推论 5.2.5[40] 设 G 是由 G_1 和一条新路 P_3 通过用一条新边连接 G_1 的某一点和 P_3 的一个悬挂点而得到,则我们有 $m_G(1) = m_{G_1}(1)$.

由引理 5.2.2 和定理 5.2.2(2),我们有

推论 5.2.6 设 u 是图 G_1 的一个点、G 是由 G_1 和 $T_n^*(s, t)$ 通过用一

条新边连接点 u 和 $T_n^*(s, t)$ 的中心而得到. 假如 $s-t \geqslant 1$, 则我们有

$$m_G(1) = m_{G_1 u; vw}(1) + s - t - 1.$$

下面, 我们研究 1 作为树的拉普拉斯特征值的重数问题, 首先, 我们给出如下的定义.

令 $[0, n] = \{0, 1, \cdots, n\}$. 设 N 是 $[0, n]$ 的一个子集, 假如对 N 中的任意一个元素 k, 存在一棵有 n 个顶点的树 T 使得 $m_T(1) = k$, 则称 N 对有 n 个顶点的树是(拉普拉斯)1-可实现的.

定理 5.2.3　设 T 是有 $n \geqslant 4$ 个顶点的树, 则有

$$m_T(1) \neq n, \quad m_T(1) \neq n-1 \text{ 和 } m_T(1) \neq n-3.$$

证明　因为 $\mu_n(T) = 0$, 显然有 $m_T(1) \neq n$. 假如 $m_T(1) = n-1$, 由 $\sum_{i=1}^{n-1} \mu_i(T) = 2(n-1)$, 我们有 $n = 1$, 与 $n \geqslant 4$ 矛盾. 假如 $m_T(1) = n-3$, 则有 $T \neq K_{1, n-1}$(因为 $m_{K_{1, n-1}}(1) = n-2$). 因为 $n \geqslant 4$, 则 T 包含 P_4 作为一个子图. 由引理 1.3.1, 我们有 $\mu_{n-1}(T) \leqslant \mu_3(P_4) \approx 0.586 < 1$. 由 $\sum_{i=1}^{n-1} \mu_i(T) = 2(n-1)$, 有

$$\mu_{n-1}(T) + \mu(T) = n + 1.$$

从而, 我们有 $\mu(T) > n$, 得到矛盾. 证毕.　∎

定理 5.2.4　集合 $N = \{0, 1, 2, \cdots, n-4, n-2\}$ 对有 $n \geqslant 4$ 个顶点的树是 1-可实现的.

证明　为了证明上述结论, 我们只需证明对任意 $k \in N$, 总存在某一个具有 n 个顶点的树 T 使得 $m_T(1) = k$. 我们分如下四种情形:

情形 1　假如 $k = n-2$, 则取 $T = K_{1, n-1}$. 由 $m_{K_{1, n-1}}(1) = n-2$, 结论成立.

情形 2　假如 $k = 0$, 则取 $T = T_n^*(s, t)(0 \leqslant s-t \leqslant 1, s+t+1 = n)$.

由引理 5.2.2，结论成立.

情形 3 假如 $k = n - 6 (n \geqslant 7)$，则令 T' 是由星图 $K_{1,n-5}$ 和路 P_4 通过用一条新边连接 $K_{1,n-5}$ 的中心和 P_4 的一个非悬挂点而得到. 由引理 5.2.2 和推论 5.2.6，我们有 $m_{T'}(1) = n - 6$.

情形 4 假如 $1 \leqslant k \leqslant n - 4$ 且 $k \neq n - 6$，则令 T'' 是由星图 $K_{1,k+2}$ 和 $T_{n-k-3}^*(s,t)(0 \leqslant s - t \leqslant 1, s + t + 1 = n - k - 3)$ 通过用一条新边连接 $K_{1,k+2}$ 的一个悬挂点和 $T_{n-k-3}^*(s,t)$ 的任一个点而得到. 因为 $k \neq n - 6$，我们有 $n - k - 3 \neq 3$. 由引理 5.2.2 和推论 5.2.4(1)，我们有

$$m_{T''}(1) = m_{T_{n-k-3}^*(s,t)}(1) + k = k.$$

证毕. ■

设 $T_3(s,t)$ 是顶点数为 n、直径为 3 的树，是由 $K_{1,s}$ 和 $K_{1,t}$ 通过用一条新边连接 $K_{1,s}$ 和 $K_{1,t}$ 的两个中心而得到. 易见 $n = s + t + 2$.

设 $T_4(s,r,t)$ 是顶点数为 n、直径为 4 的树，是由一条长为 4 的路 P_5：$v_1 v_2 v_3 v_4 v_5$ 通过在点 v_2, v_3, v_4 分别引出 $s - 1, r, t - 1 (s, t \geqslant 1, r \geqslant 0)$ 条新的悬挂边而得到. 易见 $n = s + t + 3$.

设 $T_5(s,t)$ 是顶点数为 n、直径为 5 的树，是由有 $n - 1$ 个顶点的 $T_4(s, 0, t)$ 通过剖分其一条非悬挂边一次而得到. 易见 $n = s + t + 4$.

下面，我们给出满足性质 $n - 6 \leqslant m_T(1) \leqslant n - 4$ 和 $m_T(1) = n - 2$ 的所有树.

定理 5.2.5 设 T 是有 $n \geqslant 6$ 个顶点的树，则我们有

(1) $m_T(1) = n - 2$，当且仅当 $T \cong K_{1,n-1}$；

(2) $m_T(1) = n - 4$，当且仅当 $T \cong T_3(s,t)(s, t \geqslant 1; s + t + 2 = n)$；

(3) $m_T(1) = n - 5$，当且仅当 $T \cong T_4(s, 0, t)(s, t \geqslant 1, s + t + 3 = n)$ 或 $T \cong T_5(s,t)(s, t \geqslant 1; s + t + 4 = n)$；

(4) $m_T(1) = n - 6$，当且仅当 $T \cong T_4(s, r, t)(r \neq 0; s, t \geqslant 1; s + t +$

$r + 3 = n$).

证明　我们首先证明(1)成立. 由 $\sum\limits_{i=1}^{n-1} \mu_i(T) = 2(n-1)$, 我们有 $\mu_1(T) = n$. 由推论 2.6.1, (1)成立.

其次, 我们证明(2)成立. 由推论 2.6.1, 我们可以假定 $T \neq K_{1,n-1}$, 则有 $d(T) \geqslant 3$, 其中 $d(T)$ 表示 T 的直径. 假如 $d(T) \geqslant 4$, 则 T 包含 P_5 作为一个子图. 通过简单的计算, 我们有

$$Spec(P_5) = \{3.618\,0,\ 2.618\,0,\ 1.382,\ 0.382,\ 0\}.$$

由引理 1.3.1, 我们有 $m_T(1, n] \geqslant 3$ 和 $m_T[0, 1) \geqslant 2$ 成立. 从而有

$$m_T(1) = n - m_T(1, n] - m_T[0, 1) \leqslant n - 5.$$

因此, 假如 $m_T(1) = n - 4$, 则 $d(T) = 3$. 从而存在两个整数 $s \geqslant 1$ 和 $t \geqslant 1$ 使得 $T \cong T_3(s, t)$. 假如 $T \cong T_3(s, t)$, 由引理 5.2.2 和推论 5.2.4 的 (2), 我们有

$$m_{T_3(s, t)}(1) = s + t - 2 = n - 4.$$

(2)成立.

最后, 我们证明(3)和(4)成立. 假如 $d(T) \geqslant 6$, 则 T 包含 P_7 作为一个子图. 通过简单的计算, 我们有

$$Spec(P_7) = \{3.801,\ 3.246,\ 2.445,\ 1.555,\ 0.754,\ 0.199\,9,\ 0\}.$$

与上面类似的讨论, 我们有 $m_T(1) \leqslant n - 7$. 因此, 在下面我们可以假设 $4 \leqslant d(T) \leqslant 5$. 不失一般性, 我们分如下两种情形讨论:

情形 1　假如 $d(T) = 5$, 设 P_6' 是由一条长为 5 的路 $P_6: v_1 v_2 v_3 v_4 v_5 v_6$ 通过在点 v_3 处引出一条新的悬挂边 $v_3 v_3'$ 而得到. 通过简单的计算, 我们有

$$Spec(P_6') = \{4.334,\ 3.099,\ 2.274,\ 1.406,\ 0.623,\ 0.261,\ 0\}.$$

与上面类似的讨论, 我们有 $m_T(1) \leqslant n - 7(n \geqslant 7)$. 从而, 假如 $m_T(1) =$

$n-6$，$d(T)=5$或$m_T(1)=n-5$，$d(T)=5$，则存在某一棵树 $T_5(s,t)(s,$ $t \geqslant 1$；$s+t+4=n)$ 使得 $T \cong T_5(s,t)$. 由推论 5.2.4(1)，我们有 $m_{T_5(s,t)}(1)=s-1+t=n-5$. 因此我们有假如 $d(T)=5$，则 $m_T(1) \neq$ $n-6$，且 $m_T(1)=n-5$，当且仅当 $T \cong T_5(s,t)(s,t \geqslant 1$；$s+t+4=n)$.

情形 2　假如 $d(T)=4$，设 P_5' 是由一条长为 4 的路 P_5：$v_1 v_2 v_3 v_4 v_5$ 通过在点 v_3 处引出一条长为 2 的新的悬挂路 $v_3 u w$ 而得到. 通过简单的计算，我们有

$$Spec(P_5') = \{4.414, 2.618, 2.618, 1.586, 0.382, 0.382, 0\}.$$

与上面类似的讨论，我们有假如 T 包含 P_5' 作为一个子图，则 $m_T(1) \leqslant n-7$. 从而，假如 $d(T)=4$ 且 $m_T(1)=n-5$ 或者 $d(T)=4$ 且 $m_T(1)=n-6$，则存在某一棵树 $T_4(s,r,t)(s,t \geqslant 1$；$s+t+r+3=n)$ 使得 $T \cong T_4(s,r,t)$.

假如 $r=0$，则由推论 5.2.4(1)，我们有

$$m_{T_4(s,0,t)}(1) = s+1-2+t-1 = n-5.$$

假如 $r \neq 0$，则由引理 5.2.2 和推论 5.2.4(2)，我们有

$$m_{T_4(s,r,t)}(1) = s-1+t-1+r-1 = n-6.$$

(3)和(4)成立. ∎

在本节的最后，我们提出如下问题：

问题：给出满足性质 $m_T(1)=k$ $(0 \leqslant k \leqslant n-7)$ 的所有 n 点树.

5.3　图的第三大拉普拉斯特征值

在文献[41]中，Grone 等人给出了具有 $n \geqslant 2$ 个顶点的连通图 G 的拉普

拉斯谱半径的一个如下的可达下界:

$$\mu(G) \geqslant d_1(G)+1, \tag{5-3-1}$$

等式成立当,且仅当 $n = d_1(G)+1$.

在文献[65]中,李炯生、潘永亮给出了图的第二大拉普拉斯特征值的一个如下的可达下界

$$\mu_2(G) \geqslant d_2(G). \tag{5-3-2}$$

在本节中,我们将给出图的第三大拉普拉斯特征值的一个可达下界.

设 G^* 是由 $K_3: uvwu$ 和孤立点的集合 $U = \{u_1, u_2, \cdots, u_s\}$,$V = \{v_1, v_2, \cdots, v_s\}$ 和 $W = \{w_1, w_2, \cdots, w_s\}$ 通过添加边 $uu_1, uu_2, \cdots, uu_s$;$vv_1, vv_2, \cdots, vv_s$ 和 $ww_1, ww_2, \cdots, ww_s (s \geqslant 1)$ 而得到. 则有 $d_1(G^*) = d_2(G^*) = d_3(G^*) = s+2 \geqslant 3$.

令 $\boldsymbol{O}_{m \times n}$ 表示 $m \times n$ 阶元素全为零的矩阵,$\boldsymbol{I}_n$ 表示 n 阶单位阵.

下面,我们给出本节的主要结果:

定理 5.3.1 设 G 是有 $n \geqslant 4$ 个顶点的连通图,则有

$$\mu_3(G) \geqslant d_3(G)-1,$$

且假如 $G = G^*$,则等式成立.

证明 记 $d = d_3(G)$.假如 $d = 1$,结论显然成立.下面总是假定 $d \geqslant 2$. 设 u,v 和 w 图 G 中的三个点满足 $d(u) \geqslant d$,$d(v) \geqslant d$ 和 $d(w) \geqslant d$.令 $G[u, v, w]$ 表示 G 的由点 u,v 和 w 所诱导产生的诱导子图. 不失一般性,我们分如下四种情形:

情形 1 $G[u, v, w] = 3K_1$,其中 $3K_1$ 表示 3 个孤立点的不交并. 则 $L(G)$ 的对应于点 u,v 和 w 的主子阵 $\boldsymbol{L}_1$ 有如下形状:

$$\boldsymbol{L}_1 = \begin{pmatrix} d(u) & 0 & 0 \\ 0 & d(v) & 0 \\ 0 & 0 & d(w) \end{pmatrix}.$$

由定理 1.3.5,我们有

$$\mu_3(G) \geqslant \lambda_3(\boldsymbol{L}_1) \geqslant d > d_3 - 1,$$

其中 $\lambda_3(\boldsymbol{L}_1)$ 是矩阵 $\boldsymbol{L}_1$ 的第三大特征值.

情形 2　$G[u, v, w] = P_2 \bigcup K_1$. 不失一般性,我们可以假设 $uv \in E(G)$,则 $L(G - uv)$ 的对应于点 u, v 和 w 的主子阵 $\boldsymbol{L}_2$ 有如下形状:

$$\boldsymbol{L}_2 = \begin{pmatrix} d(u) - 1 & 0 & 0 \\ 0 & d(v) - 1 & 0 \\ 0 & 0 & d(w) \end{pmatrix}.$$

由引理 1.3.1,我们有

$$\mu_3(G) \geqslant \mu_3(G - uv). \tag{5-3-3}$$

从而,由定理 1.3.5 和不等式(5-3-3),我们有

$$\mu_3(G) \geqslant \mu_3(G - uv) \geqslant \lambda_3(\boldsymbol{L}_2) \geqslant d - 1 = d_3 - 1.$$

情形 3　$G[u, v, w] = P_3$. 不失一般性,我们可以假定 $uv \in E(G)$ 和 $uw \in E(G)$.

设 $\widetilde{G}$ 是由 $P_3: wuv$ 和孤立点的集合 $U = \{u_1, u_2, \cdots, u_{p_1}\}$, $V = \{v_1, v_2, \cdots, v_{p_2}\}$, $W = \{w_1, w_2, \cdots, w_{p_3}\}$, $X = \{x_1, x_2, \cdots, x_{s_1}\}$, $Y = \{y_1, y_2, \cdots, y_{s_2}\}$, $Z = \{z_1, z_2, \cdots, z_{s_3}\}$ 和 $H = \{h_1, h_2, \cdots, h_t\}$ 通过添加边 $uu_1, uu_2, \cdots, uu_{p_1}; vv_1, vv_2, \cdots, vv_{p_2}; ww_1, ww_2, \cdots, ww_{p_3}; ux_1, ux_2, \cdots, ux_{s_1}; vx_1, vx_2, \cdots, vx_{s_1}; uy_1, uy_2, \cdots, uy_{s_2}; wy_1, wy_2, \cdots, wy_{s_2}; vz_1, vz_2, \cdots, vz_{s_3}; wz_1, wz_2, \cdots, wz_{s_3}; uh_1, uh_2, \cdots, uh_t; vh_1, vh_2, \cdots, vh_t; wh_1, wh_2, \cdots, wh_t$ 而得到. 假设 $d_1(\widetilde{G}) = d_2(\widetilde{G}) = d_3(\widetilde{G}) = d_3 = d$,则有 $|V(\widetilde{G})| \geqslant d + 2$.

容易证明我们可以选取一组 $p_1, p_2, p_3; s_1, s_2, s_3; t$ 使得 $\widetilde{G} \bigcup (n - |V(\widetilde{G})|)K_1$ 是 G 的一个支撑子图且

$$p_1 + s_1 + s_2 + 2 = d - t, \tag{5-3-4}$$

$$p_2 + s_1 + s_3 + 1 = d - t, \tag{5-3-5}$$

$$p_3 + s_2 + s_3 + 1 = d - t. \tag{5-3-6}$$

由引理 1.3.1,我们只需要证明

$$\mu_3(\widetilde{G} \bigcup (n - |V(\widetilde{G})|)K_1) = \mu_3(\widetilde{G}) \geqslant d - 1.$$

假如 $d = 2$,我们只需要证明 $\mu_3(P_5) \geqslant 1$ 和 $\mu_3(C_4) \geqslant 1$.通过简单的计算,我们有 $\mu_3(P_5) \approx 1.382$ 和 $\mu_3(C_4) = 2$.结论成立.假如 $d = 3$,通过上面类似讨论,我们有 $\mu_3(\widetilde{G}) \geqslant d - 1$.因此,以下我们可以假定 $d \geqslant 4$.

我们分如下两种子情形讨论:

子情形 3.1 $t \neq 0$.考虑 $\widetilde{G}$ 的特征多项式 $\Phi(\widetilde{G})$,我们有

$$\Phi(\widetilde{G}) = \begin{vmatrix} \boldsymbol{L}_{11} & \boldsymbol{L}_{12} & \boldsymbol{L}_{13} & \boldsymbol{L}_{14} & \boldsymbol{L}_{15} & \boldsymbol{L}_{16} & \boldsymbol{L}_{17} & \boldsymbol{L}_{18} \\ \boldsymbol{L}_{12}^T & \boldsymbol{L}_{22} & \boldsymbol{O}_{p_1 \times p_2} & \boldsymbol{O}_{p_1 \times p_3} & \boldsymbol{O}_{p_1 \times s_1} & \boldsymbol{O}_{p_1 \times s_2} & \boldsymbol{O}_{p_1 \times s_3} & \boldsymbol{O}_{p_1 \times t} \\ \boldsymbol{L}_{13}^T & \boldsymbol{O}_{p_2 \times p_1} & \boldsymbol{L}_{33} & \boldsymbol{O}_{p_2 \times p_3} & \boldsymbol{O}_{p_2 \times s_1} & \boldsymbol{O}_{p_2 \times s_2} & \boldsymbol{O}_{p_2 \times s_3} & \boldsymbol{O}_{p_2 \times t} \\ \boldsymbol{L}_{14}^T & \boldsymbol{O}_{p_3 \times p_1} & \boldsymbol{O}_{p_3 \times p_2} & \boldsymbol{L}_{44} & \boldsymbol{O}_{p_3 \times s_1} & \boldsymbol{O}_{p_3 \times s_2} & \boldsymbol{O}_{p_3 \times s_3} & \boldsymbol{O}_{p_3 \times t} \\ \boldsymbol{L}_{15}^T & \boldsymbol{O}_{s_1 \times p_1} & \boldsymbol{O}_{s_1 \times p_2} & \boldsymbol{O}_{s_1 \times p_3} & \boldsymbol{L}_{55} & \boldsymbol{O}_{s_1 \times s_2} & \boldsymbol{O}_{s_1 \times s_3} & \boldsymbol{O}_{s_1 \times t} \\ \boldsymbol{L}_{16}^T & \boldsymbol{O}_{s_2 \times p_1} & \boldsymbol{O}_{s_2 \times p_2} & \boldsymbol{O}_{s_2 \times p_3} & \boldsymbol{O}_{s_2 \times s_1} & \boldsymbol{L}_{66} & \boldsymbol{O}_{s_2 \times s_3} & \boldsymbol{O}_{s_2 \times t} \\ \boldsymbol{L}_{17}^T & \boldsymbol{O}_{s_3 \times p_1} & \boldsymbol{O}_{s_3 \times p_2} & \boldsymbol{O}_{s_3 \times p_3} & \boldsymbol{O}_{s_3 \times s_1} & \boldsymbol{O}_{s_3 \times s_2} & \boldsymbol{L}_{77} & \boldsymbol{O}_{s_3 \times t} \\ \boldsymbol{L}_{18}^T & \boldsymbol{O}_{t \times p_1} & \boldsymbol{O}_{t \times p_2} & \boldsymbol{O}_{t \times p_3} & \boldsymbol{O}_{t \times s_1} & \boldsymbol{O}_{t \times s_2} & \boldsymbol{O}_{t \times s_3} & \boldsymbol{L}_{88} \end{vmatrix},$$

$$\tag{5-3-7}$$

其中 $\boldsymbol{L}_{11} = \begin{pmatrix} \lambda - d & 1 & 1 \\ 1 & \lambda - d & 0 \\ 1 & 0 & \lambda - d \end{pmatrix}$ (对应于点 u, v 和 w);$\boldsymbol{L}_{ii} = (\lambda - 1)\boldsymbol{I}_{p_{i-1}}$

$(i=2,3,4)$，$\boldsymbol{L}_{ii}=(\lambda-2)\boldsymbol{I}_{s_{i-4}}(i=5,6,7)$，$\boldsymbol{L}_{88}=(\lambda-3)\boldsymbol{I}_{t}$（分别对应

于集合 U，V，W，X，Y，Z 和 H 中的点）；$\boldsymbol{L}_{12}=\begin{pmatrix}1&\cdots&1\\0&\cdots&0\\0&\cdots&0\end{pmatrix}_{3\times p_1}$，$\boldsymbol{L}_{13}=$

$\begin{pmatrix}0&\cdots&0\\1&\cdots&1\\0&\cdots&0\end{pmatrix}_{3\times p_2}$，$\boldsymbol{L}_{14}=\begin{pmatrix}0&\cdots&0\\0&\cdots&0\\1&\cdots&1\end{pmatrix}_{3\times p_3}$，$\boldsymbol{L}_{15}=\begin{pmatrix}1&\cdots&1\\1&\cdots&1\\0&\cdots&0\end{pmatrix}_{3\times s_1}$，

$\boldsymbol{L}_{16}=\begin{pmatrix}1&\cdots&1\\0&\cdots&0\\1&\cdots&1\end{pmatrix}_{3\times s_2}$，$\boldsymbol{L}_{17}=\begin{pmatrix}0&\cdots&0\\1&\cdots&1\\1&\cdots&1\end{pmatrix}_{3\times s_3}$，$\boldsymbol{L}_{18}=\begin{pmatrix}1&\cdots&1\\1&\cdots&1\\1&\cdots&1\end{pmatrix}_{3\times t}$．

经过简单的计算，我们有

$\Phi(\widetilde{G})$

$=(\lambda-1)^{p_1+p_2+p_3-3}(\lambda-2)^{s_1+s_2+s_3-3}(\lambda-3)^{t-1}$

$$\cdot\begin{vmatrix}\lambda-d&1&1&p_1&0&0&s_1&s_2&0&t\\1&\lambda-d&0&0&p_2&0&s_1&0&s_3&t\\1&0&\lambda-d&0&0&p_3&0&s_2&s_3&t\\1&0&0&\lambda-1&0&0&0&0&0&0\\0&1&0&0&\lambda-1&0&0&0&0&0\\0&0&1&0&0&\lambda-1&0&0&0&0\\1&1&0&0&0&0&\lambda-2&0&0&0\\1&0&1&0&0&0&0&\lambda-2&0&0\\0&1&1&0&0&0&0&0&\lambda-2&0\\1&1&1&0&0&0&0&0&0&\lambda-3\end{vmatrix}.$$

$(5-3-8)$

注意到上述行列式的每一行的和为 λ．由公式$(5-3-4)$—公式$(5-3-6)$，

我们有(把前 9 列加到最后 1 列上去)

$$\Phi(\widetilde{G})$$

$$= \lambda(\lambda-1)^{p_1+p_2+p_3-3}(\lambda-2)^{s_1+s_2+s_3-3}(\lambda-3)^{t-1}$$

$$\cdot \begin{vmatrix} \lambda-d-1 & 0 & 0 & p_1 & 0 & 0 & s_1 & s_2 & 0 \\ 0 & \lambda-d-1 & -1 & 0 & p_2 & 0 & s_1 & 0 & s_3 \\ 0 & -1 & \lambda-d-1 & 0 & 0 & p_3 & 0 & s_2 & s_3 \\ 0 & -1 & -1 & \lambda-1 & 0 & 0 & 0 & 0 & 0 \\ -1 & 0 & -1 & 0 & \lambda-1 & 0 & 0 & 0 & 0 \\ -1 & -1 & 0 & 0 & 0 & \lambda-1 & 0 & 0 & 0 \\ 0 & 0 & -1 & 0 & 0 & 0 & \lambda-2 & 0 & 0 \\ 0 & -1 & 0 & 0 & 0 & 0 & 0 & \lambda-2 & 0 \\ -1 & 0 & 0 & 0 & 0 & 0 & 0 & 0 & \lambda-2 \end{vmatrix}$$

$$= \lambda(\lambda-1)^{p_1+p_2+p_3}(\lambda-2)^{s_1+s_2+s_3}(\lambda-3)^{t-1}$$

$$\cdot \begin{vmatrix} \lambda-d-1 & \dfrac{s_2}{\lambda-2}+\dfrac{p_1}{\lambda-1} & \dfrac{s_1}{\lambda-2}+\dfrac{p_1}{\lambda-1} \\[2mm] \dfrac{s_3}{\lambda-2}+\dfrac{p_2}{\lambda-1} & \lambda-d-1 & -1+\dfrac{s_1}{\lambda-2}+\dfrac{p_2}{\lambda-1} \\[2mm] \dfrac{s_3}{\lambda-2}+\dfrac{p_3}{\lambda-1} & -1+\dfrac{s_2}{\lambda-2}+\dfrac{p_3}{\lambda-1} & \lambda-d-1 \end{vmatrix}$$

$$\triangleq \lambda(\lambda-1)^{p_1+p_2+p_3}(\lambda-2)^{s_1+s_2+s_3}(\lambda-3)^{t-1}f(\lambda). \qquad (5\text{-}3\text{-}9)$$

因为 $\mu(\widetilde{G}) \leqslant |V(\widetilde{G})|$,我们有 $f(|V(\widetilde{G})|+1)>0$. 由公式(5-3-1),存在一个实数 $r_1 \geqslant d+1$ 使得 $f(r_1)<0$. 由公式(5-3-2),存在另一个实数 $d-1<r_2<d$ 使得 $f(r_2)>0$. 因此,为了证明 $\mu_3(\widetilde{G}) \geqslant d-1$,我们只需要证明 $f(d-1) \leqslant 0$.

令 $\boldsymbol{B}$ 是当 $\lambda = d-1$ 时,式(5-3-9)中的行列式所对应的矩阵,即

$$\boldsymbol{B} = \begin{pmatrix} -2 & \dfrac{s_2}{d-3}+\dfrac{p_1}{d-2} & \dfrac{s_1}{d-3}+\dfrac{p_1}{d-2} \\[3mm] \dfrac{s_3}{d-3}+\dfrac{p_2}{d-2} & -2 & -1+\dfrac{s_1}{d-3}+\dfrac{p_2}{d-2} \\[3mm] \dfrac{s_3}{d-3}+\dfrac{p_3}{d-2} & -1+\dfrac{s_2}{d-3}+\dfrac{p_3}{d-2} & -2 \end{pmatrix}.$$

由 Geršgorin 圆盘定理,若 $\boldsymbol{B}$ 是一个主对角占优的矩阵,则 $\boldsymbol{B}$ 的所有特征值是非正的. 因此,我们有 $f(d-1)\leqslant 0$.

从而,下面我们只需要证明若 $\boldsymbol{B}$ 不是主对角占优的矩阵,则 $\mu_3(\widetilde{G})\geqslant d-1$ 即可.

我们首先考虑 $\boldsymbol{B}$ 的第一行,由式(5-3-4),我们有

$$\begin{aligned} \frac{s_2}{d-3}+\frac{p_1}{d-2}+\frac{s_1}{d-3}+\frac{p_1}{d-2} &= \frac{s_1+s_2}{d-3}+\frac{2p_1}{d-2} \\[2mm] &\leqslant \frac{d-2-p_1}{d-3}+\frac{2p_1}{d-2} \\[2mm] &= \frac{(d-2)^2+(d-4)p_1}{(d-2)(d-3)} \\[2mm] &\leqslant \frac{(d-2)^2+(d-4)(d-2)}{(d-2)(d-3)} \\[2mm] &= 2. \end{aligned}$$

其次,我们考虑 $\boldsymbol{B}$ 的第二行.

(a) $-1+\dfrac{s_1}{d-3}+\dfrac{p_2}{d-2}\geqslant 0$. 由式(5-3-5),我们有

$$\frac{s_3}{d-3}+\frac{p_2}{d-2}-1+\frac{s_1}{d-3}+\frac{p_2}{d-2}$$

$$=-1+\frac{s_1+s_3}{d-3}+\frac{2p_2}{d-2}$$

$$\leqslant -1 + \frac{d-1-p_2}{d-3} + \frac{2p_2}{d-2}$$

$$= -1 + \frac{(d-1)(d-2)+(d-4)p_2}{(d-2)(d-3)}$$

$$\leqslant -1 + \frac{(d-1)(d-2)+(d-4)(d-1)}{(d-2)(d-3)}$$

$$= -1 + \frac{2(d-1)}{d-2}$$

$$\leqslant 2.$$

(b) $-1 + \dfrac{s_1}{d-3} + \dfrac{p_2}{d-2} < 0.$ 假如 $s_3 \leqslant d-3$，则有

$$\frac{s_3}{d-3} + \frac{p_2}{d-2} + 1 - \frac{s_1}{d-3} - \frac{p_2}{d-2}$$

$$= 1 + \frac{s_3 - s_1}{d-3}$$

$$\leqslant 2.$$

否则，我们有 $d-2 \leqslant s_3 \leqslant d-1$. 考虑如下矩阵

$$\boldsymbol{B}_1 = \begin{pmatrix} \lambda-d & 1 & 1 & 0 & 0 & \cdots & 0 \\ 1 & \lambda-d & 0 & 1 & 1 & \cdots & 1 \\ 1 & 0 & \lambda-d & 1 & 1 & \cdots & 1 \\ 0 & 1 & 1 & \lambda-2 & 0 & \cdots & 0 \\ 0 & 1 & 1 & 0 & \lambda-2 & \cdots & 0 \\ \vdots & \vdots & \vdots & \vdots & \vdots & \ddots & \vdots \\ 0 & 1 & 1 & 0 & 0 & \cdots & \lambda-2 \end{pmatrix}_{(s_3+3)\times(s_3+3)}$$

其中 $\boldsymbol{B}_1$ 是 $\boldsymbol{L}(\widetilde{G})$ 的对应于点 u, v, w, z_1, z_2, $\cdots$, z_{s_3} 的 s_3+3 阶主子阵.

经过简单的计算，我们有

$$\det \boldsymbol{B}_1 = (\lambda - d)(\lambda - 2)^{s_3 - 1} \begin{vmatrix} \lambda - d & 2 & 0 \\ 1 & \lambda - d & s_3 \\ 0 & 2 & \lambda - 2 \end{vmatrix}$$

$$= (\lambda - d)(\lambda - 2)^{s_3 - 1} \big[(\lambda - 2)(\lambda - d)^2$$

$$- 2s_3(\lambda - d) - 2(\lambda - 2) \big]$$

$$\triangleq (\lambda - d)(\lambda - 2)^{s_3 - 1} g(\lambda).$$

因为 $d - 2 \leqslant s_3 \leqslant d - 1$，我们有

$$g(d+3) = 9(d+1) - 6s_3 - 2(d+1) = 7(d+1) - 6s_3 > 0;$$

$$g(d) = -2(d-2) < 0$$

和

$$g(d-1) = d - 3 + 2s_3 - 2(d-3) \geqslant d - 3 + 2d - 4 - 2d + 6$$

$$= d - 1 > 0.$$

注意到 d 是矩阵 $\boldsymbol{B}_1$ 的一个特征值. 从而，我们有 $\lambda_3(\boldsymbol{B}_1) \geqslant d - 1$. 由定理 1.3.5，我们有 $\mu_3(\widetilde{G}) \geqslant \lambda_3(\boldsymbol{B}_1) \geqslant d - 1$.

最后，我们考虑矩阵 $\boldsymbol{B}$ 的最后一行. 假如 $-1 + \dfrac{s_2}{d-3} + \dfrac{p_3}{d-2} \geqslant 0$，则通过与(a)类似的讨论，我们有

$$\frac{s_3}{d-3} + \frac{p_3}{d-2} - 1 + \frac{s_2}{d-3} + \frac{p_3}{d-2} \leqslant 2.$$

假如 $-1 + \dfrac{s_2}{d-3} + \dfrac{p_3}{d-2} < 0$，则通过与(b)类似的讨论，我们有

$$\frac{s_3}{d-3}+\frac{p_3}{d-2}-1+\frac{s_2}{d-3}+\frac{p_3}{d-2}\leqslant 2,$$

或有 $\lambda_3(\widetilde{G})\geqslant d-1$.

从而，我们要么有 $\boldsymbol{B}$ 是主对角占优的矩阵，要么有 $\mu_3(\widetilde{G})\geqslant d-1$.

子情形 3.2 $t=0$. 由公式(5-3-7)和公式(5-3-8)，我们有

$\Phi(\widetilde{G})$

$= (\lambda-1)^{p_1+p_2+p_3-3}(\lambda-2)^{s_1+s_2+s_3-3}$

$$\cdot \begin{vmatrix} \lambda-d & 1 & 1 & p_1 & 0 & 0 & s_1 & s_2 & 0 \\ 1 & \lambda-d & 0 & 0 & p_2 & 0 & s_1 & 0 & s_3 \\ 1 & 0 & \lambda-d & 0 & 0 & p_3 & 0 & s_2 & s_3 \\ 1 & 0 & 0 & \lambda-1 & 0 & 0 & 0 & 0 & 0 \\ 0 & 1 & 0 & 0 & \lambda-1 & 0 & 0 & 0 & 0 \\ 0 & 0 & 1 & 0 & 0 & \lambda-1 & 0 & 0 & 0 \\ 1 & 1 & 0 & 0 & 0 & 0 & \lambda-2 & 0 & 0 \\ 1 & 0 & 1 & 0 & 0 & 0 & 0 & \lambda-2 & 0 \\ 0 & 1 & 1 & 0 & 0 & 0 & 0 & 0 & \lambda-2 \end{vmatrix}$$

$= (\lambda-1)^{p_1+p_2+p_3}(\lambda-2)^{s_1+s_2+s_3}$

$$\cdot \begin{vmatrix} \lambda-d-\frac{s_1+s_2}{\lambda-2}-\frac{p_1}{\lambda-1} & 1-\frac{s_1}{\lambda-2} & 1-\frac{s_2}{\lambda-2} \\ 1-\frac{s_1}{\lambda-2} & \lambda-d-\frac{s_1+s_3}{\lambda-2}-\frac{p_2}{\lambda-1} & \frac{-s_3}{\lambda-2} \\ 1-\frac{s_2}{\lambda-2} & \frac{-s_3}{\lambda-2} & \lambda-d-\frac{s_2+s_3}{\lambda-2}-\frac{p_3}{\lambda-1} \end{vmatrix}$$

$= (\lambda-1)^{p_1+p_2+p_3}(\lambda-2)^{s_1+s_2+s_3}h(\lambda).$

则

$h(d-1)$

$$=\begin{vmatrix} -1-\dfrac{s_1+s_2}{d-3}-\dfrac{p_1}{d-2} & 1-\dfrac{s_1}{d-3} & 1-\dfrac{s_2}{d-3} \\[4mm] 1-\dfrac{s_1}{d-3} & -1-\dfrac{s_1+s_3}{d-3}-\dfrac{p_2}{d-2} & \dfrac{-s_3}{d-3} \\[4mm] 1-\dfrac{s_2}{d-3} & \dfrac{-s_3}{d-3} & -1-\dfrac{s_2+s_3}{d-3}-\dfrac{p_3}{d-2} \end{vmatrix}.$$

令

$$C=\begin{vmatrix} -1-\dfrac{s_1+s_2}{d-3}-\dfrac{p_1}{d-2} & 1-\dfrac{s_1}{d-3} & 1-\dfrac{s_2}{d-3} \\[4mm] 1-\dfrac{s_1}{d-3} & -1-\dfrac{s_1+s_3}{d-3}-\dfrac{p_2}{d-2} & \dfrac{-s_3}{d-3} \\[4mm] 1-\dfrac{s_2}{d-3} & \dfrac{-s_3}{d-3} & -1-\dfrac{s_2+s_3}{d-3}-\dfrac{p_3}{d-2} \end{vmatrix}.$$

容易证明 C 为主对角占优的矩阵. 则由 Geršgorin 圆盘定理, 我们有 $\det C = h(d-1) \leqslant 0$. 从而, 我们有 $\mu_3(\widetilde{G}) \geqslant d-1$.

情形 4 $G[u, v, w]=K_3$. 设 $G'=\widetilde{G}+vw$ 且 p_i, $s_i(i=1, 2, 3)$ 和 t 满足

$$p_1 + s_1 + s_2 + 2 = d - t,$$

$$p_2 + s_1 + s_3 + 2 = d - t,$$

$$p_3 + s_2 + s_3 + 2 = d - t.$$

通过与情形 3 类似的推理, 我们有 $\mu_3(G') \geqslant d-1$.

最后, 我们证明 $\mu_3(G^*) = d-1$. 考虑 G^* 的特征多项式, 我们有

$\Phi(G^*)$

$$= \begin{vmatrix} \lambda-d & 1 & 1 & 1 & \cdots & 1 & 0 & \cdots & 0 & 0 & \cdots & 0 \\ 1 & \lambda-d & 1 & 0 & \cdots & 0 & 1 & \cdots & 1 & 0 & \cdots & 0 \\ 1 & 1 & \lambda-d & 0 & \cdots & 0 & 0 & \cdots & 0 & 1 & \cdots & 1 \\ 1 & 0 & 0 & \lambda-1 & \cdots & 0 & 0 & \cdots & 0 & 0 & \cdots & 0 \\ \vdots & \vdots & \vdots & \vdots & \ddots & \vdots & \vdots & \cdots & \vdots & \vdots & \cdots & \vdots \\ 1 & 0 & 0 & 0 & \cdots & \lambda-1 & 0 & \cdots & 0 & 0 & \cdots & 0 \\ 0 & 1 & 0 & 0 & \cdots & 0 & \lambda-1 & \cdots & 0 & 0 & \cdots & 0 \\ \vdots & \vdots & \vdots & \vdots & \cdots & \vdots & \vdots & \ddots & \vdots & \vdots & \cdots & \vdots \\ 0 & 1 & 0 & 0 & \cdots & 0 & 0 & \cdots & \lambda-1 & 0 & \cdots & 0 \\ 0 & 0 & 1 & 0 & \cdots & 0 & 0 & \cdots & 0 & \lambda-1 & \cdots & 0 \\ \vdots & \vdots & \vdots & \vdots & \cdots & \vdots & \vdots & \cdots & \vdots & \vdots & \ddots & \vdots \\ 0 & 0 & 1 & 0 & \cdots & 0 & 0 & \cdots & 0 & 0 & \cdots & \lambda-1 \end{vmatrix}$$

$$= (\lambda-1)^{3s-3} \begin{vmatrix} \lambda-d & 1 & 1 & s & 0 & 0 \\ 1 & \lambda-d & 1 & 0 & s & 0 \\ 1 & 1 & \lambda-d & 0 & 0 & s \\ 1 & 0 & 0 & \lambda-1 & 0 & 0 \\ 0 & 1 & 0 & 0 & \lambda-1 & 0 \\ 0 & 0 & 1 & 0 & 0 & \lambda-1 \end{vmatrix}$$

$$= (\lambda-1)^{3s} \begin{vmatrix} \lambda-d+\dfrac{s}{1-\lambda} & 1 & 1 \\[3mm] 1 & \lambda-d+\dfrac{s}{1-\lambda} & 1 \\[3mm] 1 & 1 & \lambda-d+\dfrac{s}{1-\lambda} \end{vmatrix}$$

$$= (\lambda-1)^{3s}\left(\lambda-d+2+\frac{s}{1-\lambda}\right) \begin{vmatrix} 1 & 1 & 1 \\ 0 & \lambda-d+\dfrac{s}{1-\lambda}-1 & 0 \\ 0 & 0 & \lambda-d+\dfrac{s}{1-\lambda}-1 \end{vmatrix}$$

$$= \lambda(\lambda-1)^{3s-3}(\lambda-d+1)(\lambda^2-(d+2)\lambda+3)^2.$$

从而,我们有 $\mu_3(G^*) = d-1$. 证毕.

在本节的最后,我们提出如下问题:

猜想:设 G 是有 n 个顶点的连通图,则有

$$\mu_k(G) \geqslant \max\{d_k(G)-k+2,\ 0\}\ (1\leqslant k\leqslant n-1).$$

小结:在本章中,我们考虑了加边运算对拉普拉斯特征值的重数的影响;研究了图的拉普拉斯特征值和图的某些不变量的关系;给出了图的第三大拉普拉斯特征值的一个可达下界.

参考文献

[1] Alon N. Eigenvalues and expanders[J]. Combinatorica，1986(6)：83 - 96.

[2] Anderson W N，Morley T D. Eigenvalues of the laplacian of a graph[J]. Linear and Multilinear Algebra，1985(18)：141 - 145.

[3] Bapat R B，Pati S. Algebraic connectivity and the characteristic set of a graph [J]. Linear and Multilinear Algebra，1998(45)：247 - 273.

[4] Barik S，Pati S. On algebraic and spectral integral variations of graphs[J]. Linear Algebra Appl.，2005(397)：209 - 222.

[5] Bevis J H，Hall F J. Integer LU-factorizations[J]. Linear Algebra Appl.，1991 (150)：267 - 286.

[6] Biggs N L. Algebraic graph theory［J］. Cambridge：Cambridge Univ. Press，1974.

[7] Bollobás B. Modern Graph Theory[M]. Springer-Verlag，1998.

[8] Bondy J A，Murty U S R. Graph theory with applications[M]. The Macmillan Press，1976.

[9] Brankov V，Hansen P，Stevanović D. Automated conjectures on upper bounds for the largest Laplacian eigenvalue of graphs[J]. Linear Algebra Appl.，to appear.

[10] Chang A，Huang Q. Ordering trees by their largest eigenvalues［J］. Linear Algebra Appl.，2003(370)：174 - 184.

［11］ Chung F R K. Diameter and eigenvalues[J]. J. Am. Math. Soc. 2 1989(2)：187 – 196.

［12］ Chung F R K. Spectral graph theory[J]. CBMS (Conference Board of the Mathematical Sciences) Regional Conference Series in Mathematics，92，AMS，Providence，1997.

［13］ Cvetković D M，Doob M，Gutman I，Torgasev A. Recent results in the theory of graph spectra[J]. Ann Discrete Math，1988.

［14］ Cvetković D M，Doob M，Sachs H. Spectra of graphs-Theory and Application [M]. Johann Ambrosius Barth Verlag，1995.

［15］ Cvetković D M，Rowlinson P，Simic S. Eigenspaces of graphs[M]. Cambridge University Press，1997.

［16］ Das K C. An improved upper bound for Laplacian graph eigenvalues[J]. Linear Algebra Appl. ，2003(368)：269 – 278.

［17］ Das K C. A characterization on graphs which achieve the upper bound for the largest Laplacian eigenvalue of graphs[J]. Linear Algebra Appl. ，2004(376)：173 – 186.

［18］ Doob M. The limit points of eigenvalues of graphs[J]. Linear Algebra Appl. ，1989(114/115)：659 – 662.

［19］ Eichinger B E. An approach to distribution functions for Gaussian molecules[J]. Macromolecules，1977(10)：671 – 675.

［20］ Eichinger B E. Scattering functions for Gaussian molecules[J]. Macromolecules，1978(11)：432 – 433.

［21］ Eichinger B E. Scattering functions for Gaussian molecules[J]. 2. Intermolecular correlation，Macromolecules 1978(11)：1056 – 1057.

［22］ Eichinger B E. Configuration statistics of Gaussian molecules[J]. Macromolecules 13 (1980) 1 – 11.

［23］ Eichinger B E，Martin J E. Distribution functions for Gaussian molecules. II. Reduction of the Kirchhoff matrix for large molecules[J]. J. Chem. Phys. 69

1978(10)：4595 - 4599.

[24] Fallat S，Kirkland S. Extremizing algebraic connectivity subject to graph theoretic constraints[J]. Electron. J. Linear Algebra，1998(3)：48 - 74.

[25] Fallat S，Kirkland S，Pati S. Minimizing algebraic connectivity over connected graphs with fixed girth[J]. Dis. Math. ，2002(254)：115 - 142.

[26] Fallat S，Kirkland S，Pati S. Maximizing algebraic connectivity over unicyclic graphs[J]. Linear and Multilinear Algebra，2003(3)：221 - 241.

[27] Fallat S，Kirkland S，Pati S. On graphs with algebraic connectivity equal to minimum edge density[J]. Linear Algebra Appl. ，2003(373)：31 - 50.

[28] Faria I. Permanental roots and the star degree of a graph[J]. Linear Algebra Appl. ，1985(64)：255 - 265.

[29] Fiedler M. Algebraic connectivity of graphs[J]. Czech. Math. J. ，1973(23)：298 - 305.

[30] Fiedler M. A property of eigenvectors of nonnegative symmetric matrices and its application to graph theory[J]. Czech Math. J. ，1975(25)：619 - 633.

[31] Fisher M E. On hearing the shape of a drum[J]. J. Combin. Theory，1966(1)：105 - 125.

[32] Forsman W C. Graph theory and the statistics and dynamics of polymer chains [J]. J. Chem. Phys. ，1976(65)：4111 - 4115.

[33] Galli T. Über extreme Punkt-und Kantenmengen [J]. Ann. Univ. Sci. Budapest，Eötvös Sect. Math. ，1959(2)：133 - 138.

[34] Gantmacher F R C. The theory of matrices，Volume II[M]. Chelsea，New York，1959.

[35] Godsil C，Royle G. Algebraic Graph Theory[M]. Springer-Verlag，2001.

[36] Grone R. On the geometry and Laplacian of a graph[J]. Linear Algebra Appl. ，1991(150)：167 - 178.

[37] Grone R，Merris R. Algebraic connectivity of trees[J]. Czech. Math. J. ，37 1987(112)：660 - 670.

[38] Grone R，Merris R. Ordering trees by algebraic connectivity［J］. Graphs Combin. 1990(6)：229 – 237.

[39] Grone R，Merris R. Coalescence，majorization，edge valuations and the Laplacian spectra of graphs［J］. Linear and Multilinear Algebra，1990(27)：139 – 146.

[40] Grone R，Merris R，Sunder V S. The Laplacian spectrum of a graph［J］. SIAM J. Matrix Anal. Appl. ，1990(2)：218 – 238.

[41] Grone R，Merris R. The Laplacian spectrum of graph II［J］. SIAM J. Discrete Math. ，1994(7)：221 – 229.

[42] Guo J M，Tan S W. A relation between the matching number and Laplacian spectrum of a graph［J］. Linear Algebra Appl. ，2001(325)：71 – 74.

[43] Guo J M，Tan S W. On the spectral radius of trees［J］. Linear Algebra and its Applications，2001(329)：1 – 8.

[44] Guo J M. On the Laplacian spectral radius of a tree［J］. Linear Algebra Appl. ，2003(368)：379 – 385.

[45] Guo J M. The limit points of Laplacian spectra of graphs［J］. Linear Algebra Appl. ，2003(362)：121 – 128.

[46] Gutman I. Graph-theoretical formulation of Forsman's equations［J］. J. Chem. Phys. ，1978(68)：1321 – 1322.

[47] Gutman I. The star is the tree with greatest greatest Laplacian eigenvalue［J］. Kragujevac J. Math. ，2002(24)：61 – 65.

[48] Gutman I，Vidović D. The largest eigenvalues of adjacency and Laplacian matrices，and ionization potentials of alkanes［J］. Indian J. Chem. ，2002(41A)：893 – 896.

[49] Gutman I，Vidović D，Stevanović D. Chemical applications of the Laplacian spectrum. VI. On the largest Laplacain eigenvalue of alkanes［J］. J. Serb. Chem. Soc. ，2002(67)：407 – 413.

[50] Hoffman A J. On limit points of spectral radii of non-negative symmetric integral

matrices[M]//Y. Alavi etal. （eds.）, Lecture Notes Math. 303, Springer-Verlag, Berlin-Heidelberg-New York, 1972, 165 – 172.

[51] Hoffman A J, Smith J H. On the spectral radii of topologically equivalent graphs [M]//Recent Advances in Graph Theory, M. Fiedler, ed. , Academic Praha, 1975, 273 – 281.

[52] Hofmeister M. On the two largest eigenvalues of trees[J]. Linear Algebra and its Applications, 1997(360): 43 – 59.

[53] Holst H V D, Lovász L, Schrijver A. The Colin de Verdiére graph parameter, in Graph theory and combinatorial biology （Balatonlelle 1996）[J]. János Bolyai Math. Soc. , Budapest, 1999, 29 – 85.

[54] Hong Y, Zhang X D. Sharp upper and lower bounds for largest eigenvalue of the Laplacian matrices of trees[J]. Discrete Mathematics, 2005(296): 187 – 197.

[55]   Horn R A, Johnson C R. Matrix Analysis [M]. Cambridge University Press, 1985.

[56] Kel′mans A K. The number of trees in a graph I[J]. Automat. i Telemeh. , 1965(26): 2194 – 2204 （in Russian）; transl. Automat. Remote Control 26 (1965) 2118 – 2129.

[57] Kel′mans A K. The number of trees in a graph II[J]. Automat. i Telemeh. , 1966(27): 56 – 65 (in Russian); transl. Automat. Remote Control 27 (1966) 233 – 241.

[58] Kirchhoff G. Über die Auflösung der Gleichungen, auf welche man bei der Untersuchung der linearen Verteilung gavanischer Ströme geführt wird[J]. Ann. Phys. Chem. , 1847(72): 497 – 508. Translated by J. B. O'Toole in I. R. E. Trans. Circuit Theory, CT – 5 (1958) 4.

[59] Kirkland S, Neumann M, Shader B L. Characteristic vertices of weighted trees via Perron values[J]. Linear and Multilinear Algebra, 1996(40): 311 – 325.

[60] Kirkland S, Neumann M. Algebraic connectivity of weighted trees under perturbation[J]. Linear and Multilinear Algebra, 1997(42): 187 – 203.

[61] Kirkland S J. An upper bound on algebraic connectivity of graphs with many cutpoints[J]. The Electronic Journal of Linear Algebra, 2001(8): 94 – 109.

[62] Kirkland S J. A note on limit points for algebraic connectivity[J]. Linear Algebra Appl., 2003(373): 5 – 11.

[63] Lancaster P, Tismenetsky M. The Theory of Matrices With Applications[M]. 2nd ed., Academic Press, New York, 1985.

[64] Li Q, Feng K. On the largest eigenvalue of a graph[J]. Acta Math. Appl. Sinica, 1979(2): 167 – 175 (in Chinese).

[65] Li J S, Pan Y L. A note on the second largestm eigenvalue of the Laplacian matrix of a graph[J]. Linear and Multilinear Algebra, 2000, 48(2): 117 – 121.

[66] Li J S, Pan Y L. De Caen's inequality and bounds on the largest Laplacian eigenvalue of a graph[J]. Linear Algebra Appl., 2001(328): 153 – 160.

[67] Li J S, Zhang X D. A new upper bound for eigenvalues of the Laplacian matrix of a graph[J]. Linear Algebra Appl., 1997(265): 93 – 100.

[68] Li J S, Zhang X D. On Laplacian eigenvalues of a graph[J]. Linear Algebra Appl., 1998(285): 305 – 307.

[69] Liu H, Lu M, Tian F. On the Laplacian spectral radius of a graph[J]. Linear Algebra Appl., 2004(376): 135 – 141.

[70] Merris R. Characteristic vertices of trees[J]. Lin. Multilin. Alg., 1987(22): 115 – 131.

[71] Merris R. The number of eigenvalues greater than two in the Laplacian spectrum of a graph[J]. Portugaliae Mathematica 1991(48): 345 – 349.

[72] Merris R. Laplacian Matrices of Graphs: A Survey[J]. Linear Algebra Appl., 1994(197,198): 143 – 176.

[73] Merris R. A note on Laplacian graph eigenvalues[J]. Linear Algebra Appl., 1998(285): 33 – 35.

[74] Merris R. Laplacian graph eigenvectors[J]. Linear Algebra Appl., 1998(278): 221 – 236.

[75] Mohar B, Pisanski T. How to compute the Wiener index of a graph[J]. J. Math. Chem. , 1988(2): 267 - 277.

[76] Mohar B. Isoperimetric inequalities, growth, and the spectra of graphs[J]. Linear Algebra Appl. , 1988(103): 119 - 131.

[77] Mohar B. Isoperimetric numbers of graphs[J]. J. Combin. Theory Ser. B, 1989 (47): 274 - 291.

[78] Mohar B, Poljak S. Eigenvalues and the max-cut problem[J]. Czechosolvak Math. J. 1990(40): 343 - 352.

[79] Mohar B. The Laplacian spectrum of graphs[J]. Graph Theory, Combinatorics, and Applications, 1991(2): 871 - 898.

[80] Molitierno J J, Neumann M. On trees with perfect matchings [J]. Linear Algebra and Its Applications, 2003(362): 75 - 85.

[81] Pan Y L, Li J S, Hou Y P. Lower bounds on the smallest Laplacian eigenvalue of a graph[J]. Linear and Multilinear Algebra, 2001(3): 209 - 218.

[82] Pati S. The third smallest eigenvalue of the Laplacian matrix[J]. The Electronic Journal of Linear Algebra, 2001(8): 128 - 139.

[83] Petrovic M, Gutman I. The path is the tree with smallest greatest Laplacian eigenvalue[J]. Kragujevac J. Math. 2002(24): 67 - 70.

[84] Rojo O, Soto R, Rojo H. An always nontrivial upper bound for Laplacian graph eigenvalues[J]. Linear Algebra Appl. 2000(312): 155 - 159.

[85] Shearer J B. On the distribution of the maximum eigenvalue of graphs[J]. Linear Algebra and Appl. , 1989(114/115): 17 - 20.

[86] Shao Jia-yu. Bounds on the kth eigenvalues of trees and forests [J]. Linear Algebra and Its Applications 1991(149): 19 - 34.

[87] Shu J L, Hong Y, Wen R K. A sharp upper bound on the largest eigenvalue of the Laplacian matrix of a graph[J]. Linear Algebra Appl. 2002(347): 123 -129.

[88] Stevanović D. Bounding the largest eigenvalue of trees in terms of the largest vertex degree[J]. Linear Algebra and its Applications, 2003(360): 35 - 42.

［89］ Tan Xuezhong，Liu Bolian. On the nullity of unicyclic graphs［J］. Linear Algebra Appl. ，2005(48)：212－220.

［90］ Vrba A. The permanent of the Laplacian matrix of a bipartite graph［J］. Czechoslovak Math. J. ，1982(36)：397－403.

［91］ Vrba A. Principal subpermanents of the Laplacian matrix［J］. Linear and multilinear Algebra，1986(19)：335－346.

［92］ Wu B，Xiao E，Hong Y. The spectral radius of trees on k pendant vertices［J］. Linear Algebra Appl. ，2005(395)：343－349.

［93］ Yu A，Lu M，Tian F. Ordering trees by their Laplacian spectral radii［J］. Linear Algebra Appl. ，2005，405(1)：45－59.

［94］ Yuan X Y，Wu B F，Xiao E L. The modifications of trees and the Laplacian spectrum［J］. Journal of East China Normal University (Natural Science)，2004 (2)：13－18.

［95］ Zhang X D，Li J S. The two largest eigenvalues of Laplacian matrices (in Chinese)［J］. J. China Univ. Sci. Technol. 1998(28)：513－518.

［96］ Zhang X D. Two sharp upper bounds for the Laplacian eigenvalues［J］. Linear Algebra Appl. ，2004(376)：207－213.

后　记

本书是根据笔者的博士学位论文撰写而成. 要感谢我的导师邵嘉裕教授三年来对我在生活上的关心和学业上的精心指导. 师从邵老师三年来,邵老师严谨的治学态度、高尚的敬业精神、提携后进的大家风范时刻感染着我,成为我奋发向上的动力;邵老师深厚的数学功底,敏锐的数学观察力,高尚的人格力量,将成为我今后学习和追求的目标. 谨此向导师表达最衷心的感谢.

感谢我的硕士导师洪渊教授,感谢华东师范大学的束金龙博士,感谢他们在我硕士毕业之后及在读博期间还一如既往地关心我的学习、科研和生活.

感谢同济大学的李雨生教授、郑稼华老师以及应用数学系的领导和老师们. 在我三年的学习期间,他们对我的工作、学习和生活等各方面都给予了关心和帮助.

感谢李炯生教授、C. D. Cvetković教授、S. Kirkland 教授、束金龙博士、张晓东博士、郭曙光博士、S. Pati 博士等,他们为我查阅资料提供了诸多帮助.

感谢同济大学的单海英博士及贺金陵、任灵枝、何常香、袁西英、张丽、刘颖等诸位同学,感谢他们在学习、生活各方面给予我的帮助和支持. 尤其是在这篇论文的排版上,单海英博士给予我很多的帮助,在此深表谢意.

今天我能顺利完成学业更离不开我的妻子程鹏女士、爱女郭小雅以及其他家人的无私奉献.他们对我默默的鼓励和全心的支持,使我能够安心求学.我的成长和任何一点进步都有着他们的无私奉献.

最后,对所有关心、支持我的人再一次表示由衷的感激之情,感谢你们!

郭继明